阅读成就思想……

Read to Achieve

生死甜甜圈
DEATH & CELEBRATION

通俗哲学系列

走出人间，走出时间

以终为始的生死观

［澳］柯林·迪克斯（Colin Dicks）◎著
幸幸 ◎译

Death,
Dying & Donuts

中国人民大学出版社
·北京·

图书在版编目（CIP）数据

走出人间，走出时间：以终为始的生死观／（澳）柯林·迪克斯（Colin Dicks）著；幸幸译. -- 北京：中国人民大学出版社，2025.4. -- ISBN 978-7-300-33699-2

Ⅰ．B845.9-49

中国国家版本馆CIP数据核字第2025BJ6736号

走出人间，走出时间：以终为始的生死观

[澳]柯林·迪克斯（Colin Dicks） 著

幸幸 译

ZOUCHU RENJIAN, ZOUCHU SHIJIAN : YIZHONGWEISHI DE SHENGSIGUAN

出版发行	中国人民大学出版社		
社　　址	北京中关村大街31号	**邮政编码**	100080
电　　话	010-62511242（总编室）		010-62511770（质管部）
	010-82501766（邮购部）		010-62514148（门市部）
	010-62515195（发行公司）		010-62515275（盗版举报）
网　　址	http://www.crup.com.cn		
经　　销	新华书店		
印　　刷	北京联兴盛业印刷股份有限公司		
开　　本	787 mm×1092 mm　1/32	**版　次**	2025年4月第1版
印　　张	8　插页2	**印　次**	2025年4月第1次印刷
字　　数	143 000	**定　价**	69.90元

版权所有　　侵权必究　　印装差错　　负责调换

本书赞誉

死亡存在吗？在我们还活着的时候，我们不过是死亡的旁观者；而当我们死去，死亡也就成了过去式。对于研究生命科学的我来讲，深知死亡是一种基因的设定程序。而真正让我们恐惧的，永远不是死亡本身，而是亲友永逝所带来的离别感伤，是个体濒死之际的内心煎熬。但其实，每个个体都是向死而生的，所以死亡的真正意义是什么？我认为，正是因为死亡的存在，才不断地提醒我们：活在当下，是那样地有意义和美好！死亡如同黑夜，给了我们黑色的眼睛，我们却要用它去寻找光明！

尹烨

华大集团CEO、生物学博士

随着老龄化社会的到来，我们的关注点不能只有银发经济，更应正视死亡教育。死亡是每个人都无法逃离的宿命，但死亡是终点吗？这本书所要做的，不是放大死亡焦虑，而是真切地想和所有人聊聊临终，包括当事人、亲友、护理者以及与临终和殡葬相关的从业者等。这些诚挚的文字，源自

走出人间，走出时间
以终为始的生死观

本书作者作为一名肿瘤专家经历太多生离死别后的医者仁心。愿每一位读过这本书的人，都能从中汲取一份平静和坦然。

曹敏

慈怀读书会联合创始人

孔子说："未知生，焉知死？"这句话强调了理解生活、活在当下的重要性。本书作者柯林·迪克斯却选了死亡这个完全相反的角度，他带着我们站在人生终点反向审视人生，这样独特的视角可以极大地提高我们的感知力，让我们能够深刻理解恐惧、悲伤、愤怒、内疚、遗憾、信心与希望等情绪，更加理解生命的价值。

雷文涛

有书创始人

医学，救死扶伤；医学，助人善终。

曾组织医学生书写生命故事，名为"生命消逝的礼赞"，因为生命带给医学无以复加的力量和价值。

在生命教育过程中，我拥有了更多的勇气和责任，以致信心满满地前行。

想对阅读本书的人说，如果那时来临，希望有人肯牵着你的手。

李飞

北京协和医学院人文和社会科学学院副教授

这本书的可读性特别强，作者是一位放射肿瘤学专家。同是医生，我能感受到他因关怀患者而研习生死之道的真挚情感。在拜读这本生死教育佳作时，有三点给我的印象最为深刻。

1. 能讲解各种伴随死亡的情绪及其合理性。作者在传递一个信息："体认死亡就需要体认这些情绪。"

2. 提出"迎接死亡就像跑马拉松"，我对此非常认同。在过去几年关怀一些患者的过程中，即便一些患者已经能接受现状、视死如归，但每天的疼痛与不适、身体机能的衰退，时刻在打击他们的信心。让更多人认清这场马拉松，并且为它做好准备，是非常有价值的。只有勇敢的人才能跑好这一次，不留遗憾，不辜负爱自己的人。

3. 这本书是最全面的生死教育读本。书中篇章居然能从财务角度给出非常具体的建议："在棺材上加个把手要100澳元""要为葬礼讨价还价，挑最便宜的"……相信我，在其他书里很难读到如此诚恳的建议。

这是一本非常有趣且有价值的生死教育启蒙读本，它几乎涵盖了现代人应对生死的方方面面。关注生死，以终为始，愿这本书能为每位读者带来不一样的祝福！

赵一凡

广州和睦家医院的首席医疗官、麻醉疼痛科主任，新风－和睦家医疗集团麻醉专业网络主任

如果我们要开启一段旅行，会不会提前做准备？

死亡是人生最重要的远行。如果知道临终时会经历什么、在意什么，我们今天的生活会不会有所不同？

这本书是关于死亡的攻略，可以让人认识到真实的生命，从而活得从容、踏实。就如作者所说：我们正在走出黑暗，走向光明。

车明泽

明萱生命关怀工作室创始人

即使是一名拥有50年从医资历的医生，我发现自己还是没有准备好应对妻子短暂患病和去世的事实。在妻子病危期间，迪克斯医生请我审阅此书的手稿，我发现它对我有极大的帮助。这本书使临终者和即将失去亲人的人，可以用更人道的方式，一起面对死亡的现实。我们可以为自己和所爱的人追求"善终"。

约翰·克莱门茨（John Clements）医生

迪克斯医生为所有面临死亡的人，提供了一个独特的视角。本书既敏感又极具实用性；既充满温情和善意，又直面我们每个人内心的恐惧。对于护理人员和临终者来说，这本书堪称必读之书。

这本书是由每天都目睹死亡的医生所写的，因此他具有特殊的资格，为每个人的死亡旅程提供了帮助。我向每一个我认识的面临死亡的人推荐此书，迪克斯医生在书中提到的知识会给面对死亡的人以极大的慰藉。

戴润·布朗（Darin Browne）牧师

本书赞誉

本书是你准备经历从生到死的整个人生旅程的必读之书。它帮助我更清晰地了解我年迈的父母正在经历的旅程,谢谢迪克斯医生!

拉瑞萨·马亚(Larissa Meyer)

迪克斯医生凭借多年的经验、深刻的同理心和温和的幽默感,牵着你的手,引导你走过临终和死亡这段艰难的旅程。无论是对你自己,还是对你身边的人,这本书都能帮助你在情感、精神、身体和现实方面,穿越临终和死亡的陌生感。在迪克斯医生的全程陪伴下,这本书也将成为不容错过的重要资源。

安娜-玛瑞·隆巴德(Anna-Marie Lombard)

你或你所爱的人是否正面临着临终或死亡的现实?此时你会不断地问自己这样一个问题:"为什么是我?什么是真的?我从哪里来?我要去哪里?什么对我有价值?"

作为一名心理咨询师和心理治疗师,以我的职业观点,以及一个年轻时因癌症失去母亲的女儿的个人经历,我愿意向每个面临死亡和临终等有关存在主义问题的人强烈推荐这本书。

这本书不仅给予你自信去谈论一个不可避免、具有挑战性的话题——死亡,还能帮助你理解所面临的正常挑战,甚至让整个过程变得更易于承受。此外,当人经历因难抉择寻找痛苦的意义时,这本书将给予人们很大的帮助。维克多·弗兰克尔（Victor Frankl）在其著作《活出生命的意义》（*Man's Search for Meaning*）中写道："个人一旦成功地找到了意义，那他不但会感到幸福，还会具备应对磨难的能力。"

我深信这本书是有感而发的，并感谢柯林·迪克斯在撰写此书时接受了这一挑战，因为我相信它将帮助很多人。

亨丽埃塔·奥斯图伊岑（Henrietta Oosthuizen）
心理咨询师、家庭治疗师、心理治疗师、
督导、培训师和评估员

> 中文版推荐序 1

死，不足惧

读完柯林·迪克斯颇费心思而撰写的书稿，心头发酥。这已经是作者写的第二部关于死亡主题的书了，十年前他出版了《关于死亡：面临死亡时该如何生活》(*About Dying: How to Live in the Face of Death*)，开启了与死亡的对话，告诉读者如何直面死亡，超越死亡。两本书所传达的核心意涵只有一个，那就是"死，不足惧"，犹如《老子》所言："民不畏死，奈何以死惧之。"原意是民众如果决绝人生，生不足惜，死不足惧，就没有什么人能够征服他们的了。换一个角度看，消除了死亡这个心头大患，是一份生命的大觉悟、大解放，死，不足惧，也就不足拒，黎民百姓的幸福生活就会翩然而至。因为在国人的心灵深处，始终藏着一个死亡的黑洞，难以挣脱。

在这本书里，作者进一步阐释了"死，不足惧"的深层道理与临场应对。跟其他动物相比，人类是具备遥望死神本能的，惧死心结由此而生。如此说法，缘由大致有三点：一是迈向死亡深渊时的痛苦，包括身之苦、心之苦、情之殇、名之遁；二是生之欢愉的无限流连及欲望的纠缠，死亡降临，多少声色犬马毁于一旦，白茫茫一片，大地真干净；三是对来世的迷茫，死亡如同一道旋转门，若旋进天堂固然幸运，若旋进地狱则万劫不复。不过，作为一位资深的肿瘤科医生，作者柯林·迪克斯没有像哲学家及高僧大德那般空灵地探究生命的真谛，而是回到"生老病死"的临床境遇，由此展开"死，何以惧，继而，不足惧"的阐释。

我年轻时在肿瘤科服务过一段时间，深知肿瘤科的一大景象就是频繁面对生离死别。要知道，在40年前，肿瘤治疗手段很有限，虽然手术、放化疗的路径俱备，但疗效却不尽如人意，三年、五年的存活率均不高。不过，足以震撼肿瘤科医生心灵的，还不是居高不下的死亡率，而是遭逢肿瘤而丧亲的折磨。我常说死亡有三层境遇，分别是"他死""你死""我死"。"他死"指的是病房里某位患者离世，虽然悲伤、失落，但不曾刻骨铭心，不久就会平复；"你死"指的是医者的至亲挚友死于自己统辖的病区，眼睁睁地看着他们撒手人寰，自己却回天无力，无能且无奈，无措而内疚，心头的痛楚犹如刀割，久久不能平复；"我死"指的是自己被宣判癌症缠身，疗效不彰，承受身心俱焚的煎熬。

本书卷首，约翰·克莱门茨医生感言："即使是一名拥有

50年从医资历的医生,也发现自己还是没有准备好应对妻子短暂患病和去世的事实。"因此,肿瘤医生,以及衍生出来的缓和医疗医生都必须清醒地意识到,在与肿瘤疾病的周旋中,疗愈肿瘤、战胜肿瘤不是一件容易的事,而如何让肿瘤患者在生命的最后一程里"生活有品质,生命有尊严,死亡有准备",才是职业正道。

在柯林·迪克斯医生的笔下,曲径通幽。作者不是简单地将患者与家属拖入生死教育的课堂,而是启发他们去寻访稍纵即逝的生死直觉,引领他们去品味半虚半实的死亡觉知,咀嚼生命终末期的每一寸身心体验,医护也在与患者的身心对话中悟出死亡辅导与哀伤辅导的原理,找到帮助将逝者"优逝"的路径与方法。首先,要跳出"心跳、呼吸停止"的死亡定义(这只是临床死亡的节点),把死亡的过程延展为"濒死、临床死亡、生物学死亡、社会学死亡"的"围死亡"认知,并于首尾两端发力:一是着力探究濒死的奥秘,揭示"悲欣交集"的二元性;二是打通医疗与殡葬的鸿沟,将身后事也纳入临终关怀的程序之中。

在书中,作者花费相当大的篇幅介绍了被其称为"甜甜圈"的别离节目,包括生命的回望、亲友的聚会、遗愿的托付、爱的遗产的缔结、葬礼的期待等,使得这一趟生命的远行成为一次惬意的探险。

值得注意的是,作者的文字是率性的,也是温煦的;时而是哲人般的温润感悟，时而是小说家般的温情叙事，时而是邻家大哥大姐般的温馨叮咛，读来不觉得是耳提面命的大师教化，而是一声声沁润心脾的医护劝慰。本书值得诸君细读慢品、掩卷回味。

王一方

北京大学医学部教授

中文版推荐序 2

老子提醒我们："吾有大患，及吾有身。"有身则受控于时空。荣格却说，对生、老、病、死这类终极关怀问题，人类其实无能为力，只能（实际应该）寻求超越。后现代社会科学昌明，人类却越来越努力回避曾经淡然直面的终极关怀问题。投入无数时间、精力、金钱等几乎全部努力用于回避、延缓老（如养生到养心乃至养神、种种抗衰老）、病（如全世界为应对痴呆症的大规模科研项目）、死（长寿、养生），却徒劳无功！

对于不可避免的死亡，人类尝试各种应对办法。从风俗各异的丧葬礼仪（比如守七）到噩寿/福寿之分，乃至生死、魂魄等相关各类宗教诠释；更有面对不可控之命（命缘神授虔且敬）所作的主观、客观努力-运（寿因人择健而康）；更有现代所谓"临终关怀"与"缓和医疗"。心理学界则从弗洛伊德的截断联结到伊丽莎白·库布勒-罗斯的五个阶段理论（第 11 章），乃至临床心理学家乔治·博南诺（George Bonanno）的创伤后成长/迁延性哀伤……如何调和生命的实然（死）与应然（活）？可以说，古今中外人类全部心智（心思意念）与言语、行为皆直接或间接地服务于此。与其说自科技革命以来，人类忽视、虚无、污名、拒绝宇宙自我后，面对死亡而无望的苦果，不如说人类须重拾理性革命前怀着信心、盼望与热爱看淡生死的大智慧。

人的社会性决定了死亡从来不是一个人的事。不过，由于主动（如全时间服侍家人）或被动（如失智）原因，这种人际关系会偏离"既定"轨道。作者提醒我们，在这条单行线上，每个人都必须利用好有限的时间。如何利用好？或有所选择，侧重亲情；或放弃名利，修养心力；或反思人生，直面将临的死亡；或立足当下，注重所过每日每时的质量。作者说得好，本书不仅关乎死亡，它也是一个继续生活的邀请。虽然死亡和临终是不可避免的，但我们仍然可以选择如何生活。如基于道毕生发展，比如少年时发现天赋、培养兴趣、形成能力（闻道、学道、知道），以此上大学、找工作、成家立业（见道、修道、行道），到老则可以安然走向人生终点（证道、合道、得道）。

作者提出，死亡是个精神性事件，不触及永恒就无法进行死亡教育。修通与整合（个人中心、社会中心、自然中心、宇宙中心）四重自我；超越时间（一生、人类、宇宙）、空间（家乡、祖国、世界、宇宙）；面向孟夫子所谓终身患、儒家倡导的"止于至善"，是我们直面死亡的最大底气！整合了心脉（全人成长）、血脉（创造中以生命影响生命）、文脉（古今中外人类从自然之书中读出的智慧）、灵脉（寻得意义、实现超越），死又何妨？我们或许既难以像庄子那般通透，自认将以大地为棺椁、夫人去世鼓缶而歌，也难以达到苏东坡的释然（心如槁木死灰）。然向死而生，本是人一生的议题，自不能、不应亦不宜回避，更不容否认、拒绝。何况，轴心时代先贤们给现代人的榜样：四十不惑、五十知天命、六十而耳顺！

现代旅行常在飞行。你是否意识到飞行与死亡有颇多相似点（第8章）？你有没有意识到，死亡何时变得很仁慈？死亡的标准很低/不可能失败？你是否知道面对死亡的三种否认会带来严重后果（第6章）？否认不仅剥夺了临终者宝贵的准备时间和精力（接受、告别、安排），还剥夺了相关人士了解和接受真理的能力，难以实现有效沟通，以致不得不付出代价乃至造成遗憾。

很喜欢本书的书名——《走出人间（空间），走出时间（时间）：以终为始的生死观》，点明人生的超越本相与慎终追远的毕生时空观。作者用临床实践个案，梳理死亡概念（第1~3章）、生老病死（第4~8章）的现代研究成果，尤其是死亡相关态度（观念、接受度、思维方式、个人性约定）、语言（概念、理论、技术、有效沟通），知识、情绪/情感（减少死亡的痛苦、创伤、不确定性等负面联结相关焦虑、回避、恐惧、惨烈现象乃至憎恶，形成正面、直面（第9章）；患者心理反应、求医行为、认知重评、基于现实的期望、濒死体验、管理感受、团队协作安排、缓和治疗（第11~22章）；生前、身后事，尤其是法律、财产、相关费用（第18~21章）、意志行为的整合。当然，"知其然、知其所以然"与身临其境的决策与行为仍有距离；但知行合一须知在前。因此，专为长期照护者写的第22章、为亲属写的第23章以及观念整合、反思、应对行为（第24~26章），尤其宝贵。

我相信，中国传统文化（道家、中医）的三魂七魄的个人观、守七等丧葬礼仪和清明节、中元节等家庭性祭奠活动设计会大大帮助读者理解文本与叙事逻辑。中国文化强调慎终追远，尤其是孟子"君子有终身之忧，无一朝之患也"，特别强调人生的超越性；故儒家文化基于具身（个人中心自我）发展观，培养向善（社会中心自我）、兼善（自然中心自我）乃至止于至善（宇宙中心自我）。八条目教育也基于"格物致知诚意正心修身"五类基本成人教育，成人后方能齐家治国平天下，担当各类社会责任。

阅读书稿，我不禁想起母亲弥留之际常说的三句话：一是用方言喊"我妈哎"，我知她痛苦至极（老人家死于肺结核，满肺空洞，肺泡几乎失去换氧功能，病房的高浓度氧气面罩解决不了缺氧问题）；二是说"一窝鸡要散了"，老人家的潜意识说出了一生愿景（像老母鸡用翅膀罩着亲生的五男二女、收养的两个孩子,甚至孙辈、重孙辈),我只好安慰妈妈"不会散的";三是说"布新,让我走吧?!"我虽然研究老年心理学20余年,何敢答应?结果让妈妈多受了一周的痛苦,成此生憾事,悔之莫及!

故作序,此为序。

韩布新
中国科学院心理研究所、中国科学院大学心理系
中国心理学会原理事长、常务理事、注册工作委员会常委
中国老年学与老年医学学会副会长

中文版推荐序 3

当我们提及"临终关怀",心中总会泛起复杂的情感,既有对生命消逝的敬畏与不舍,也有对未知终点的恐惧与迷茫。作为一名从事生命关怀工作十余年的从业者,我深知绝大多数人在面对临终时的痛苦与挣扎。这种痛苦不仅属于即将离世的亲人,也属于陪伴者,痛苦是整体的。此外,陪伴者也终将有一天会面临自己生命的终点。

多年来,我一直致力于推广生命关怀教育,希望帮助更多人不必等到生命临近终点的时候才被迫面对死亡这个话题,处理过往的未竟之事。现实中,许多人在恐惧和慌乱中往往措手不及,最终都留下了痛苦与遗憾。我一直梦想能有一本专业、全面且充满温度的书籍,能够探讨这一话题。

而《走出人间,走出时间:以终为始的生死观》这本书,宛如黑暗中的一盏明灯,为我们照亮了"临终关怀"这一深沉而又常常被忽视的领域,也实现了我心中的一个梦想。它不仅是一本关于死亡的书,更是一本关于如何活出生命意义的书。作者引导我们思考，如何在有限的时光里，给予临终者最温暖、最具人性温度的关怀。从满足他们最后的心愿，到陪伴他们渡过心理上的难关，直到临终者的后事处理，书中事无巨细地涵盖了安宁疗护的每一个环节，既专业又充满温情，让读者在轻松的氛围中学到实用的知识。另外，书中介绍了一些简单却充满力量的陪伴方式，如倾听临终者的故事，理解他们的心理状态和需求，帮助他们坦然面对身体的变化，积极地应对和处理各种琐事。这本书让我们意识到，死亡并非不可谈论、不可面对。只要我们勇敢地转身去探索这只"凶猛的老虎"，就会发现它其实一直像一只"温顺的猫咪"，陪伴在我们身边。

这本书也为医护人员、社会工作者以及安宁疗护从业者提供了宝贵的经验和深刻的启示。在专业的医疗护理之外，如何给予患者精神上的抚慰和支持，同样是一门重要的学问。它提醒着我们，医学的目的不仅仅是延长生命的长度，更在于提升生命的厚度，尤其是在生命的最后阶段。

对于普通读者而言，这本书是一次心灵的洗礼，它让我们更加珍惜当下的生活，正视死亡这一无法回避的归宿。在阅读的过程中，我们会不自觉地反思自己的人生价值和生命意义，更加懂得关爱身边的人，珍惜与他们相处的每时每刻。

《走出人间，走出时间：以终为始的生死观》这本书以其真挚的情感、深刻的洞察和实用的建议，为我们打开了一扇通往安宁疗护世界的大门。它让我们明白，虽然死亡是生命的终点，但在走向终点的路上，爱与关怀可以让这段旅程变得温暖而从容。愿每一位读者都能从这本书中获得力量，在面对生命的终章时，以勇气、智慧和慈悲之心，平和地走完这段旅程。

李建平
生命关怀师
"生死甜甜圈"生死教育顾问
金苹果全人关怀学院创办人

英文版推荐序

作为迪克斯医生在肿瘤医学领域多年的同事,我很荣幸为这本重要的著作撰写推荐序。

我从两个角度来阅读迪克斯医生的这本新书。第一个角度,作为与迪克斯医生曾经共事的同事,我尊重他在治疗绝症病患时需要缓解症状的观点;第二个角度,我是一名肿瘤医学家和缓和治疗医生,拥有超过60年的从医经验,治疗那些正在经历死亡过程的绝症患者。

因此,让我感到意外的是,当我阅读这本书时,更多的是从一位年长者自身思考死亡过程的角度,而不是从我多年来作为旁观者的职业视角。

我发现迪克斯医生的写作很有思想深度,而且有些地方还很幽默。我觉得这本书中的许多部分都需要我反复阅读,其中的引言和逸事可以和我的患者分享,或者将这些内容融入我即将要经历的最终测试中。

作为一个了解柯林强大精神力量的人,我曾想知道他是否会以某种方式影响书的内容，我惊喜地发现事实并非如此。不过，我仍然强烈地建议你阅读他在尾声中讲述的故事。这个部分很容易被忽略，但非常值得阅读。他提到的生活方法包含了一些对你在这段旅程中可能有用和有帮助的东西。我相信，在你还有能力的时候，去考虑所有的可能性，这样做是有益处的。

我想把这本书送给我所有的家人、朋友和患者，因为我相信它包含了许多真知灼见，对面对死亡和临终这段旅程的人有极大的帮助，正如迪克斯医生在书中所说，这是一个没有人想参加的测试，但我们都必须参加。我可以放心，因为没有人曾经失败过。

我希望这本书能被广泛阅读，成为所有临终关怀与缓和治疗工作者及其患者家属的必读之书。我期待迪克斯医生在TED的演讲和采访。

杰弗里·霍深医生（Dr Geoffrey A.T.Hawson）
昆士兰大学副教授，血液科和肿瘤科医生

前　言

作为一名放射肿瘤医生，我常会使用放射线来治疗癌症。虽然这似乎是一个崇高的目标，但并非所有癌症都能治愈。我的工作还有一部分令人不愉快的内容，那就是当患者的病情恶化到无法治愈的时候，要和患者进行艰难的谈话。在这种情况下，尽管死亡是最终结局，但这些对话却常常令人感到尴尬。

没有人愿意谈论死亡和临终——我们宁可假装我们不会死，也要回避对这个巨大问题的讨论。

然而，死亡是我们所有人共有的事情——它是将我们所有人团结在一起的唯一的事情。死亡是绝对确定和不可避免的。死亡是我们的命运，因此，不了解死亡或没有为死亡做准备是极其不负责任的。

在生活的其他方面，我们通常不会如此疏忽。我们习惯为未来的事情做准备，我们为假期、考试或婚礼做准备，以期有最好的结果，因为我们要享受假期、通过考试、确保一个完美的婚礼。但似乎当谈到临终这件人生中要做的最重要的事情之一的时候，我们常常只满足于抱有最好的希望，或者凭运气，而不去主动准备。

为什么会这样呢

这缘于无知。我们害怕谈论我们不了解的事情。本书的目的是阐明死亡这件事，并使它被人们所接受。有些人可能会反对并争辩说："死亡是永远不可接受的！"或者说："我打算永远活着。"这些想法或许崇高，但并不明智。当谈到善终时，这种一厢情愿的想法是我们的敌人。面对死亡时，我们需要的不只是这些，而是要超越这些想法。

在我于2014年出版的作品《关于死亡：面临死亡时该如何生活》一书中，旨在开启关于死亡的对话，并使死亡变得不再那么敏感。我收到的反馈令人鼓舞，尽管这本书仅仅是一个好的开始，但还远远不够。

我在2019年做了一项研究，旨在了解人们对死亡的认识。我询问了人们要为癌症晚期患者提供哪些死亡教育项目。我将教育视为一种辅导，想知道人们接受了哪些辅导或有哪些技能可以帮助他们应对死亡的挑战。令人震惊的是，大多数人对这个问题的回答干脆而响亮："没有任何辅导！"

尽管临终者在医疗团队的支持下得到了充足的医疗会诊，

也有良好的护理和美好的祝愿，但他们对死亡几乎一无所知。死亡的知识仍然是医疗护理专业人员的秘密。那些受死亡影响的人仍然对即将到来的死亡一无所知，他们为这种无知付出了巨大的代价。

代价是他们的时间，对临终的人来说，时间是他们最稀缺的东西，原本可以用有限的时间做自己喜欢的事情，但是却浪费时间与死亡做无谓的抗争，因为他们不明白自己身体发生的变化，也不了解生命即将结束时可能出现的症状，更不理解生命即将结束时所涌现的强烈情绪。对有些人来说，围绕死亡的相关问题是有启发性的。

他们知道自己还有许多事情必须做，但是具体的细节常常因疾病、看医生、预约以及在临终时所产生的混乱情绪而被忽略。因为当人不知道要期待什么或做什么的时候，人就会犯错，做出错误的选择，最终常常感觉被遗弃或感到绝望。

我学到的另一件事是，人不会孤立地死去。死亡影响着他们身边的所有人——不仅仅是临终的人。这是我的研究中最令人惊讶的发现——临终是一个团队的努力，患者和护理人员都以自己独特的方式参与这一过程。双方都经历了不同方式的失落和死亡的痛苦。那些照顾临终者的人也常常感到被遗忘或被忽视。

一些经历过丧亲之痛的研究对象，呼吁有必要提供方便用户使用的有关临终的资源。这本书就是我对该需求的诚挚回应。本书是基于我作为一名肿瘤科医生的观察、我对丧亲之痛的经验，以及我希望为生命的尽头提供一份路线图的愿望。

这份路线图提供不了所有的答案，也许有些事你并不认同，有些观点可能成为你的绊脚石。请不要因此停下阅读此书的脚步，我建议你可以跳过你不喜欢的部分。这本书里有适合每个人的信息：临终者及其护理者和家属，以及那些需要以某种方式与人探讨"关于死亡对话"的医疗专业人士。

说到死亡，没有人是专家。每个人都只会死一次，虽然我们不能依靠个人经历来为我们的死亡做准备，但我们可以观察他人的经历。我不知道所有的答案，因此请通过 admin@dyingtounderstand.com.au 与我分享你的经验，以便我们一起继续学习。我不提供专业建议，因此请与你自己的医护团队讨论此事。

因为我还没有临终的切身经历（至少目前还没有），所以请原谅我对此不够敏感或缺乏洞察力。这不是一本学术参考书。我在书中使用的例子都是真人真事，为了保护隐私，我更改了他们的名字和部分故事情节，但我忠实地记录了他们那段经历的意义。

我所从事的工作与儿童无关，因此本书没有讨论有关儿童死亡的问题。虽然我无法想象父母在孩子去世时所承受的痛苦，但我知道在悲伤和失落中寻求专业人士帮助的重要性。

我相信，孩子们比我们想象的更具韧性，在与他们的对话中，诚实是重要的部分之一。他们内心有一种信念，会感到安慰并做好准备。

当谈到临终时，我们需要重视身体、情感、心灵和现实方面的问题。不可否认，临终是一件很困难的事，它与失去和痛苦联系在一起，那些还活着的人必须忍受丧亲之痛。这就是死亡的本质，但也只是故事的一部分，死亡带来的不仅仅是失去和痛苦。

这本书不仅是关于死亡的，它也是一个继续生活的邀请。虽然死亡和临终是不可避免的，但我们仍然可以选择如何生活。即使面临死亡，我们仍然可以去做自己喜欢的事情。有些人喜欢绘画，有些人喜欢演奏音乐、徒步旅行或乘船游览。我喜欢吃甜甜圈，对我来说，嚼着有肉桂味道和软绵绵的甜甜圈，这是一种非常令人满足的感觉，如果再配上一杯咖啡，我就能体验到完美的幸福感。虽然这种幸福感只能持续很短的时间，但它仍然是一种享受，而且我知道明天可能还有另一个甜甜圈在等着我。这些看似微不足道的小事，为可能显得灰暗的一天增添快乐的瞬间，而这些瞬间意义重大。

无论你是否像我一样享受美味的甜甜圈，无论你喜欢什么，生命的意义在于我们享受生活，并在我们还活着的时候充分地利用有限的生命。我们有机会让自己的生命变得有意义，而当生命即将结束时，也许会变得更有意义。此时，我们可能会发现,即使是很小的事情,也可能对一天产生巨大的影响。如果我们让死亡的恐惧妨碍我们享受生活,我们就会错失良机。但是,如果我们敢于改变对死亡的看法,我们可能会相信死亡并不像我们想象的那么糟糕。特别是对于那些选择确信死亡不是终点的人来说,死亡是进入下一段伟大冒险的通道。

因此,拿起一个甜甜圈,安静下来,让我们一起来探索这一令人不安却又无法回避的人生阶段吧。

目　录

第 1 章　当人生即将迎来"剧终",我们将如何做好善终　/ 1

第 2 章　死亡的坏名声,让我们自己制造了噩梦　/ 7

第 3 章　我们该如何理解死亡:关于生命终局的 15 个思考　/ 15

第 4 章　我们永远不知道死亡和明天哪个先到来　/ 25

第 5 章　有一种煎熬是从生过渡到死的临终时刻　/ 33

第 6 章　衰老带来的不仅是身体的老去,还有空虚感和孤独感　/ 43

第 7 章　濒死:怎样才算生命永久地熄灭　/ 51

第 8 章　生命彻底结束时的常见症状　/ 59

第 9 章　让我们痛苦的不是死亡本身,而是与之相关的情绪感受　/ 69

第 10 章　生命尽头旅程中的恐惧、焦虑和担忧　/ 85

第 11 章　即将告别世间的一切,我们的悲伤逆流成河　/ 93

第 12 章　即将告别世间的一切,我们的不甘与愤怒　/ 103

第 13 章　即将告别世间的一切,我们的脆弱与抑郁　/ 111

第 14 章　即将告别世间的一切,我们的遗憾与内疚　/ 117

第 15 章　坦然接受终极的失去,让内心回归平静　/ 125

第 16 章　向死而生,捕捉黑暗中希望的微光　/ 133

第 17 章　用自己的方式为人生画上完美的句号　/ 141

第 18 章　安排好身后事是对亲人最大的安抚　/ 155

第 19 章　留给亲人的生命礼物:生前预嘱与遗产处理　/ 165

第 20 章　以自己喜欢的方式告别这个世界:葬礼策划　/ 173

第 21 章　有尊严地离开:为疾病和死亡规划好费用支出　/ 181

第 22 章　我不要浑身插满管子地死去:生命终止规划　/ 189

第 23 章　让逝者安息:临终护理中的温情　/ 195

第 24 章　永失我爱:如何处理好丧亲之痛　/ 203

第 25 章　既然无法阻止生命的终结,就尽情地享受生活吧　/ 209

第 26 章　跳出今生,走向来世　/ 217

后记　为帮助更多的人理解死亡的意义　/ 221

第 1 章

当人生即将迎来"剧终",
我们将如何做好善终

走出人间,走出时间
以终为始的生死观

当我还是一名年轻医生的时候,我曾经照顾过两名临终的患者。一位名叫布莱兹夫人的患者,她面对死亡很平静。她坦然接受她的人生快要走到尽头的事实,她和丈夫有说有笑,牵着手,充分表达了对彼此的爱。在她临近死亡的悲伤中,他们既幸福又满足。他们接受死亡是生命的一部分,并且没有在接近死亡时和它做斗争。我去她的房间,花时间和他们聊天,我们无能为力。我曾经很期待拜访她的时间,因为她总是让我感到被重视。有一天她的房间空了,我感到失落,但这种失落没有刺痛的感觉,反而充满希望与感激——感激能够为她提供照顾,并在她的生命旅程中相伴片刻。我认为她的人生画上了美好的句号,她离世时很安详。

我同时也在照顾弗朗西斯,她的最后时光是一场与死亡的激烈抗争,每天的战斗都很激烈。尽管她竭尽全力,但最终还是输了。她的死与布莱兹夫人的死形成了鲜明对比。弗朗西斯还没有准备好离世,在她临终的过程中,有一种不同的失落感——失败、悲伤和恐惧。她死得很不轻松。

事实上,永远不可能有真正轻松的死亡,但可以有一个平安地走完一生的"剧终",这不是用一厢情愿的幻想实现

第1章
当人生即将迎来"剧终",我们将如何做好善终

的——它需要不同的思维。这需要深思熟虑,将死亡和平安放在一起,并让它们共存。这需要一种理解死亡的意愿,并在可能的情况下与死亡和解。但是如果死亡要毁灭我们,我们该如何与之和解呢?

这取决于我们对"自我"的定义。这正是问题的核心——存在的概念,即我们是谁,以及我们来到世上的目的是什么。这将取决于我们对死亡和生命的理解。如果没有清晰地理解这些概念,我们可能会被愚弄,认为死亡总是邪恶的,并且要不惜一切代价去避开它。

"自我"这个概念是最难定义的,也许通过问"你是谁"可以证明这一点。我会回答"柯林·迪克斯",但这只是我的名字,它并不能告诉别人我是谁。要了解我是谁,需要了解我的价值观和信仰、好恶、性格、人际关系、成就和失败、角色和责任,以及我的文化和家庭背景。

尽管死亡可以摧毁我的肉体,但它无法抹去我的生活故事、价值观、信仰或性格;它或许终结了我未来的人际关系和友谊,但它不能带走我经历过和享受过的人际关系中的所有深厚情感和喜悦;它可能阻止我参与生活,但无法否定我已经取得的成就和贡献,也无法消除我在家庭中的角色,我将永远是我孩子的父亲和我妻子的丈夫。这些都无法被抹去——我的生命和我所"是"的一切不会因为死亡而消失。

作为凡人,我们在世上生存的时间是有限的。死亡并不

邪恶，它只是提醒我们时间已尽。有时因为不幸，生命短得令人不甘，这是不公平的；有时生命又长得令人疲惫，这也是不公平的。

当詹姆斯被诊断出患有阿尔茨海默病的时候，情况似乎还不算太糟糕，是可以控制的；但当他渐渐迷失在生命的尽头时，事情就变得难以控制了。他的一切——成就、性格、友谊和价值观等，都因病症而发生了重大改变。对他来说，死亡迟迟不来成了一种"加时赛"的煎熬。这种情况对于患者和照顾者来说都是一场悲剧。

如果死亡意味着"时间的终结"，那么生命就是我们如何利用时间。有些人活着，但他们并没有活明白。他们存在着，却未曾利用好时间，未曾探索、享受或体验生活。他们把时间浪费在无关紧要的事情上，错过了生命这个珍贵的礼物。他们错误地利用时间去追求不重要的事情。

在我的工作中，我经常看到一些人反而会从患有生命危险的癌症诊断中获益。他们开始醒悟，时间是宝贵的，不能浪费时间，他们会重新调整自己的生活状态，充分利用余下的时间。他们把时间投资在具有永恒价值的事上，例如经历、记忆和友谊。他们愿意放弃在董事会中的席位，以便能够拥有更多优质的时间，并更频繁地做那些重要的事情，比如园艺、在海滩上散步或感受金色阳光的温暖等。即使是给我们带来快乐的小事也变得弥足珍贵。我们亏欠自己的，就是享

第 1 章
当人生即将迎来"剧终",我们将如何做好善终

受这些时光——哪怕只是每天一点点。

这就是为什么我们需要享受甜甜圈的时光。我在前言中提到,我喜欢吃甜甜圈。对我来说,咬在有肉桂味道的软绵绵的甜甜圈上的感觉太美好了!如果再配上一杯咖啡,那我的幸福感就可以被满足了。我不需要每天都吃甜甜圈,但如果是美好的一天,为什么不吃一些呢?如果是糟糕的一天,那不就更需要吃一些了吗?令我们享受的并不总是大事,而是那些日常小事,也正是这些小事提醒我们:"我们还活着!"我们有责任充分利用时间并尽情享受它,因为在不经意的时候,我们也许会发现,自己所剩的时间可能已经不多了。

我们可以将生命即将耗尽的时刻称为"临终"。我们从健康走向衰败,这是一个巨大的转变。对某些人来说,这样的转变可能在瞬间就发生了,他们还来不及和亲人说再见或整理完人生的结尾。这种突然离世常令人扼腕,也会给活着的人留下深深的创伤。

我认为,幸运的人是那些在生命即将结束时,还有时间可以为死亡做好准备的人。他们有机会像布莱兹夫人一样打理好一切,准备启程,留下无悔的美好回忆,他们可以善终。

这本书不是为了准备今天的死亡,而是讲如何为未来某一天的死亡做好准备。愿你拥有长寿,并且愿你在剩下的日子里,每天都像最后一天那样充实地生活。

然而，为了那一天的到来，我们必须有所准备。要想实现善终，我们需要了解所面临的挑战，明白生命的规律，学习如何在面对死亡时依然能够"取得胜利"。

第 2 章

死亡的坏名声,让我们自己制造了噩梦

死亡有着不好的名声，而这并不总是死亡本身的错。如果死亡要对这些诋毁提出抗议并将案件提交法庭，它无疑会胜诉。我们总是对死亡抱有极其负面的看法，但这在很大程度上是我们的错。我们相信了我们的宣传，而这对我们来说是不利的。我们通过将死亡说成是最糟糕的事情，创造了自己的噩梦，结果却发现我们都终将面对死亡。这是多么残忍的恶作剧。

如果我们想要正视死亡，就必须直面我们曾经信以为真的谎言。如果只是草草地说"死亡是一件很糟糕的事情"，然后就回避这个话题，这对我们自己是不公平的，因为我们终将与死亡相遇。如果是这样，我们应该为死亡做好应对的准备。

我想我们对于死亡的误解主要基于以下因素。

死亡的名声

关于围绕死亡的词汇，你会听到诸如"糟糕""可怕""悲惨"之类的词，类似的词汇还有很多。

第 2 章
死亡的坏名声，让我们自己制造了噩梦

语言是有力量的，它能传递强有力的信息。广告文案撰稿人深知这一点，他们善于用语言创造情感。例如，汽车经销商的一句"不安全"之类的说辞，很可能会让你放弃购买该品牌的汽车；或者，如果有人说你刚买的冰淇淋"尝起来有股尿臊味"，很可能会让你瞬间对它失去胃口。当谈到死亡时，我们只听到带有恐惧和失落意味的词语。这些词汇在影视剧中不断被重复，因此死亡被认为是终极失败、最糟糕的事情，甚至是世界末日。

除此之外，人类有夸大其词的倾向。一场原本平平无奇的日常死亡事件，在某些人的讲述下变成了恐怖电影的场景。老阿加莎姑姑在睡梦中去世的故事，转而被描述成眼睛如何突出、舌头如何肿胀，以及可怕的场景。但是，如果你愿意询问，实际上她的一生中眼睛都是这样突出，而她的舌头一直都有点肿。死亡与可怜的阿加莎姑姑的容貌丑陋并没有关系，但为什么要浪费一个好故事呢？

如果我们不断地告诉自己死亡是可怕的，久而久之就会深信不疑，幸福或平静的死亡也会显得不可思议。现在，是时候改变我们描述死亡的语言了，我们需要用"正常""日常""意料之中"这样的词汇来描述死亡，而不是那些制造焦虑和恐慌的词汇。

死亡的不确定性

没有人确切地知道我们死后会发生什么。我们假定这是件糟糕可怕的事情,但事实果真如此吗?对死亡的体验通常是从生者的角度来看的,他们从失落和丧亲之痛的角度来描述死亡,难怪死亡看起来如此可怕。

一些经历过濒死体验的人往往不再那么害怕死亡。异于常人的是,如果有选择的话,他们通常宁愿离开这个世界,渴望回到天堂。从这种精神视角看,死亡不再对他们构成威胁。

我们倾向于害怕未知的事情。人们很容易误认为我们对未知的恐惧就是对死亡的恐惧,但它们是两回事。我们不能确定死亡一定是坏的,如果死亡是解除身体痛苦的途径,那么它甚至可能是件好事。

为死亡"净化"

没人喜欢混乱,而死亡可能会很混乱。人都会死,如果我们不及时清理,街上可能遍布尸体。虽然这种情况过去确实发生过,但幸好今天不再如此。人们仍然会死去,但他们的尸体不会被遗弃。作为一个社会,我们不仅学会了处理尸体,似乎也学会了处理"死亡"本身。

如今,大多数人从未亲眼见过死亡,这与一个世纪前的

第 2 章
死亡的坏名声，让我们自己制造了噩梦

情况完全不同。当时，成人和儿童死于各种常见疾病，例如白喉和肺结核。1920 年人均寿命还不到 55 岁，人活到 60 岁就被认为是高龄了。有人去世是日常事件，遗体会被放在家里展示，同时家人准备举行葬礼，亲戚们都会来吊唁。死亡是生活中的一种常态。

尽管死亡今天仍然频繁发生，但在日常生活中却很难找到它的痕迹。人们通常会在医院去世，即使在家中去世，遗体很快也会被转移走。在医院，遗体会被清洗干净并盖上床单。死亡的丑陋被净化了，然后不再那么令人反感的遗体被送往医院最偏远的地方——太平间，被安全地藏在冰柜里。

在处理尸体方面，传统的土葬已经不多见了，更多人选择火葬。从死亡的那一刻到变成骨灰盒里的一把骨灰，可能几乎没有任何死亡的实质性证据。今天，说到死亡，不再是混乱，"没什么可看的，快走吧。"

你最后一次看到尸体是什么时候？你见过尸体吗？从现代人的角度来看，目睹尸体是一种挑战，如果有人看过尸体，可能还需要接受心理辅导。为什么呢？为什么我们要把事情搞得这么复杂？这种对死亡的异常反应会加剧人们对死亡的恐惧。为了保护自己免受死亡的影响，我们不可避免地让死亡变得更加可怕。

期待和失望

我们的期望可能会束缚我们。如果我们的期望对我们来说是现实和重要的,但未能实现,那我们就会感到失望。我们失望的程度与期望的强烈程度成正比:期望越高,失望就越大;如果没有期望,就不会有失望。

我不是运动员,所以如果我没有在奥运会上赢得金牌,我就不会失望,因为我从未期望过参加比赛,更别说获奖了。相比之下,如果一名奥运会运动员获得了银牌,尽管取得了惊人的成就,但他可能会感到巨大的失望,这是因为他们对赢得金牌的期望既现实又重要,而赢得银牌可能比赢得铜牌的感觉更糟糕,因为自己曾经那么接近金牌!

这对我和奥运选手来说都是现实的期望。但如果我真的因为没有赢得金牌(尽管我没有参加比赛)而感到沮丧、失望,甚至砸家具,那会怎样?你一定会嘲笑我说:"你疯了吧!"如果我因为对不切实际的事情期望过高而感到失望,那么我肯定会闹出笑话。

但是,这就是我们面对死亡时的表现。如果我们对永生抱有不切实际的期望,而当这一切不会发生时就表现得很糟糕,那我们就是笑话。然而,如果我们的期望是现实的,并且我们接受自己是凡人,那么当死亡来临时,我们就会有所准备,不会奢望死亡不会降临到自己头上。

… 第 2 章
死亡的坏名声，让我们自己制造了噩梦

责任追究和责任归咎

我们努力生活在一个重视责任的社会中。如果出现问题，我们认为有必要找出造成问题的根本原因，找到谁或什么事该为此负责，然后采取补救措施，以免问题再次发生。这是一个很好的方法，可以处理在我们控制范围内的事情，但是对于那些不在我们控制范围内的事情，我们该怎么办呢？

2011 年，发生了全球第二大核灾难——福岛第一核电站事故。这场灾难是由里氏九级的日本东海岸大地震所引发的，是有记录以来第四强的地震。震动如此剧烈，甚至使地轴移动了 10～25 厘米，引发了 14 米高（超过四层楼）的海啸，淹没了反应堆。海啸峰值时水墙可能高达 40 米，时速达到 700 千米。

一项独立调查得出的结论是，福岛灾难是一场人祸，并将其归咎于能源公司未能满足安全要求或针对此类事件制订应急预案。尽管找到灾难发生的原因很容易，但是你该如何制订计划来防止这样的灾难发生呢？

指责别人已成为现代社会的常态。当事情出错时，我们总是想归咎于某人或某事，如果有人死去，就必定有人犯了错。王室调查、审查、无奈地叹息和自我反思等往往伴随死亡而来。但是，人们往往忽略这样一个不争的事实：死亡是不可避免的，我们对此无能为力。

这样说并不意味着我们可以不负责任。我们确实需要尽力做好防范措施，比如安全带、安全气囊或自行车头盔等物品，可以提高我们在事故中的生存概率，但我们需要清醒地认识到，最终，我们都无法掌控死亡，它不听命于任何人，是自主的，会不请自来。它不关心良好的管理技能，也不会理会我们希望它远离的要求。

死亡就是这么发生的，它是生命中的一部分。死亡并不会悄无声息地降临，令我们措手不及，它始终如一。死亡一直存在，并在我们出生时便昭示了它的意图：这一生是有限的，它终将结束，而在结束之前，我们每天能活着就是一种馈赠。如果我们否认死亡是生命中的正常组成部分，那么我们就是在自欺欺人。

死亡自有其规律，我们也应如此。它会处理好一切，而我们的责任是继续生活。

我们需要了解死亡的意义，这样才能充分珍惜生命的礼物。

第 3 章

我们该如何理解死亡：
关于生命终局的 15 个思考

走出人间，走出时间
以终为始的生死观

一旦我们摆脱"死亡太可怕了"这样的想法，就可以开始客观地看待死亡。当我们了解了死亡的本质后，那种令人恐惧的神秘感也就随之消失了。然后，我们就能够开始计划和制订应对死亡的策略，使死亡不再威胁我们去享受生活。

你有没有考虑过死亡的特性？现代社会常将死亡拟人化为"死神"。在希腊神话中，死亡被人格化为塔纳托斯（Thanatos）——一位在生命的尽头收集灵魂的老者。在东亚，死亡化身为阎罗王，在来世伸张正义。在《圣经启示录》中，死亡是四骑士之一，贯穿于神话和传说中，死亡被拟人化为神一般的存在，其职责是收割男人和女人的灵魂。如果我们把死亡想象成一种实体，在它选择的时间拜访它所选中的人，我们也许可以冒险地朝它的方向看一眼——希望它那时不会恰好在回头看。

我们对死亡的了解可能比我们自己想象的还要多，只是我们没有花时间去研究它。请思考以下的陈述，看看你是否同意。

第 3 章
我们该如何理解死亡：关于生命终局的 15 个思考

死亡是一个自然事件

如果你是碳基生命体，那么你注定会死。虽然少数动物的寿命可以达到几百岁，但大多数生物的寿命都比可怜的蜉蝣要长一些——毕竟蜉蝣只有几小时的寿命。蜉蝣在短暂的辉煌中生存、繁衍并死亡。作为人类，我们的预期寿命约为 70 岁，但当我们到达百岁高龄的时候，我们的身体已经准备好被"回收利用"了。如果你不相信我，可以问问几位 90 多岁的老人对这个问题的看法——90 多岁时的人生大多已经了然无趣了。

死亡是正常的

从统计上看，死亡是有史以来最正常的事情，发生概率为百分之百。尽管我们的死亡方式可能各不相同，有的十分独特，但最终的结果只能是殊途同归——每个人都无法逃脱死亡的命运。

死亡是无法避免的

良好的作息、饮食、运动、保健品并不能阻止你的死亡，虽然它们可能会延缓过早死亡，但它们无法永远保护我们。祈祷、奇迹、朝圣、魔法或一厢情愿也都无法驱除死亡。热衷健康可能会在生命的旅程中多走一段路，但人生这条路最终对所有人来说都有尽头。

我们并不真正地在意死亡

死亡的降临可能令人意外,但大多数人通常并不太在意死亡。对于每天死去的十几万人,或许我们真的没有多大兴趣,除非自己的生活受到直接影响。巴西或刚果的死亡率不会困扰我们,除非我们生活在那里。谈到害虫或蟑螂,我们常常是送它们上路的"刽子手"——没有什么比死蟑螂更令人愉快的了。

死亡没有偏见

死亡是不会偏袒任何人的。无论你是国王、皇后、统治者、名人、富人、穷人,所有人的生命都会同样地以死亡结束。财富、头衔或名誉对于死亡来说并没有什么区别,超级有名只是意味着当你死了的时候,别人会知道。但是当你的死亡时间到来时,它不会让你死得晚点,死亡是公正的。这件事发生在伊丽莎白女王二世、迈克尔·杰克逊(Michael Jackson)、迭戈·马拉多纳(Diego Maradona)和肖恩·康纳利(Sean Connery)身上,就像昨晚发生在露宿街头的流浪汉身上一样。

第 3 章
我们该如何理解死亡：关于生命终局的 15 个思考

死亡没有货仓

我们在死去时无法带走任何东西。我们生前积累的财富和物品都将被留下，而我们在死亡时可以带走的资产总和为零。我们赤条条地来到这个世上，也将赤条条地离开。古埃及的法老们想尽一切办法将自己的财富带到来世，但他们失败了。他们的宝藏却留给后人去发掘——作为后人，我们对此应当表达谢意。

死亡不讲例外，也不接受赎金

人终有一死，没有任何赎金可以让你逃脱死亡，即使你再可爱，也无法免于死亡的召唤。你不能通过讨价还价或施展魅力来逃避它，任何信用卡在死亡面前都是无效的。也许你可以买下整个世界，但无论你花多少钱都无法"买通"死亡。

死亡有自己的时间表

死亡按它自己的时间到来。对有些人来说，死亡在其出生时就到来了，这似乎太早了，以至于显得太不公平。而对于那些因年迈或痛苦而厌倦生活的人来说，它似乎来得还不够快。死亡掌控着自己的时间，不受他人干预。我一直对有些人会在极端的情况下突然去世而感到震惊。一个人可能在被小蜜蜂蜇伤后去世，而另一个人却在经历了严重且广泛的创伤后幸存下来，明明这些创伤足以夺去他们的生命，真是让人费解！

死亡是不可逆的

人一旦去世，就再也无法复生，没有第二次机会，你再也无法告诉人们你在遗嘱中真正想表达的意思。时间一旦过去，你无法回过头说"我爱你"或"我原谅你"。这一生不是一次彩排，而是真实的演出，整个过程都是朝着唯一的终幕在推进。

死亡是痛苦的

死亡的痛苦是无法逃避的。人们害怕死亡带来的肉体痛苦，但这种痛苦往往不如临终时所经历的情感和精神上的痛苦那么强烈。在这里，我们触及到那根让我们对死亡如此无法忍受的暴露的神经，那是我们在悲伤中和道别时感受到的痛苦。死亡让人心碎。

死亡是一种个人体验

我们无法取代别人的位置替他们去死——如果那样的话，我早就会征集"志愿者"了。我们每个人都会在某个时间点独自面对死亡。作为一名年轻的学者,在寄宿学校的日子里,有时我们因行为不端而会接受"惩罚",甚至有时我们会排队等待被"惩罚"。更加耐人寻味的是在排队时发生的争吵,排在前面的男孩会放弃自己的位置,主动移到队伍的后面。但是无论你排在队伍中的哪个位置或改变位置多少次,你仍然要接受那专属于你的"惩罚"。

同样地,无论我们在人生队列的什么位置,也无论我们换了多少次位置,与死亡的会面始终是一次个性化且私密的安排,注定会发生,它是一个具有独特性的事件。我们可能会因为其他人的反应而害怕死亡的"惩罚",但根据我的经验,每个人都会找到属于自己的应对方式。

死亡触及许多人的生活

我们的死亡会影响许多人,从那些我们所爱的人和爱我们的人开始。我们的去世会影响家人、朋友、同事,最后是那些再也无法与我们做生意的屠夫、面包师和蜡烛制造商,甚至连政府都会受到影响,因为当你去世后,他们将无法再向你征税了。你会被深深地怀念……

死亡可以是仁慈的

对于某些人来说,当生命不再是一份礼物,当身体破碎、痛苦不堪时，死亡反而成为一位受欢迎的朋友。

死亡只发生在你生命中的某一天

在你活着的所有日子里，死亡只发生在其中的某一天，剩下的时间都属于我们自己。然而，执着于避免死亡，而不是专注于生活，是人们常犯的一个错误。更好的做法是为死亡做好准备，这样你就可以无所分心地继续生活。

死亡的标准很低——你不可能失败

死亡没有过高的期待，每个人都能通过这场测试，没人会失败。善良的、邪恶的、丑陋的、勇敢的、胆怯的……所有人都能达标。当我们去世时，我们会加入先我们而去的人的行列。每个人都能以"优异的成绩"过关，临终的好消息是：当那一刻来临时，你会没事的。

死亡的问题在于，它往往来得太快。如果我们还能再多活一两年就好了！虽然我们可能会接受死亡的必然性，但几乎从来没有一个"合适的时间"。如果你提前知道自己的死亡日期，比如 2035 年 6 月 12 日将是你人生的最后一天，这会对你有帮助吗？你了解之后，会对你的生活方式产生影响吗？有些人可能会乐在其中，觉得可以"放肆"一番，直到那一天到来；而其他人则可能根本不想知道。

第 3 章
我们该如何理解死亡：关于生命终局的 15 个思考

死亡有时会突然降临，这些死亡很难让人接受，比如原本很普通的一天，开始在办公室工作，结束却在太平间。对于那些留下来的人来说，这是一种创伤。幸运的是，这些情况是例外而非常态，而且我们大多数人都会得到一些死亡即将造访的预警。我认为这是一种善意，就像死亡在礼貌地说："嘿，我快来了。"这给了我们时间整理生活，收拾好行囊，在适当的时候准备出发。

第 **4** 章

我们永远不知道
死亡和明天哪个先到来

走出人间，走出时间
以终为始的生死观

当死亡还很抽象而遥远的时候，谈论它是很容易的。在这种情况下，我们都可以很从容地应对死亡。但是当死亡逼近我们时，并且我们知道它正在来临的路上时，情况就完全不同了。这种面对现实的瞬间被称为"冰山时刻"。

1912年4月10日，皇家邮轮"泰坦尼克号"从南安普敦启程，开始了它的首航。当时这艘豪华游轮被誉为"永不沉没的船"，在前往纽约的航程中，船上充满了盛大的庆祝活动和欢喜的氛围。所有的一切都如此美妙，这将是许多难忘经历的开始。船上有精致的餐饮、欢声笑语，以及对到达纽约的坚定期待。

4月14日23：30，一切即将被改变。当泰坦尼克号全速航行在冰冷的大西洋时，迎面撞上了一座冰山。危险被及时报告，并立即采取了躲避措施。在似乎只是轻微碰撞后，船继续航行。不到三个小时后，凌晨2：20，这艘雄伟的泰坦尼克号沉入冰冷的北大西洋深处，夺去了1500条生命。

在黑暗中，混乱逐渐蔓延。泰坦尼克号上不幸的人们被迫面对残酷的现实，并接受自己的命运。在那黑暗的三个小时里，他们不得不从首次航行的喜悦与欢庆转变为面对死亡的可能性——对于这 1500 人来说，这已成为现实。多么巨大的灾难啊！

在冰山时刻与沉没之间，船上的人们没有多少时间去搞清楚情况。"我们能做什么呢？""我们如何逃生？"这些问题一定在他们的脑海中浮现。他们需要一个紧急灾难应对计划，在这种情况下，否认往往是人们的第一道防线。否认是一个即时的盟友，我们不能责怪任何人，首先从否认中寻求安慰。但否认会迷惑所有人，它许下了无法兑现的响亮承诺。它是打不开的降落伞、有洞的救生筏、没有绳索的救生圈。

否认有许多表现形式。对泰坦尼克号船上的人来说，他们最初的否认是绝对的。这种否认形式是拒绝看到、听到和采取行动。它高声宣称什么都没有发生："船没有撞上冰山，没有任何损坏，我们可以照常继续航行，船永远不会沉。"

这种否认是如此大胆，以至于即便面对压倒性的证据，例如船体正在沉没，它依然坚持自己的说法。它是一个不理性且妄想的怪物，它坚持认为应该继续派对，任何与之相悖的行为都应该受到惩罚。

这种否认是盲目的，并有可能摧毁所有挑战它的人。这种否认从不认输，但由于它的迷惑程度如此之深，它很快就被大多数理性的人所驳斥。这种否认会滋生出使人难以想象的巨大、恶臭、溃烂的肿瘤，却依然浑然不觉，沉浸在无知无觉的幸福中。

这就为第二种否认留出了空间。这种否认看清并接受新的现实,但是却拒绝承担任何责任或采取行动。它将新的现实轻描淡写为无关紧要,认为没什么可担心的。这种否认会如此说:

- 是的,船身有一个洞,但只是一个小洞,可以修补好;
- 这个洞位于前部隔舱,那些隔舱是密封的,所以一切都会没事的;
- 这艘船宣称永不沉没,所以不用担心;
- 他们会找人修理的,我相信这种情况经常发生;
- 他们会准备好救生艇,或者还会有一艘船来救我们,放松点,别担心。

在面对死亡时,这种否认是最常用的应对策略。人们接受我们终将死去的事实,却认为没有必要为此感到担忧:

- 它以后才会发生;
- 这种事只会发生在别人身上;
- 他们会找到治疗方法;
- 一切都会好的;
- 不用做任何改变——保持冷静,继续前行;
- 放心吧,伙计,她会没事的。

这种否认是种乐天派,却非常不负责任。与第一种否认

第4章
我们永远不知道死亡和明天哪个先到来

类似,它阻碍了任何转变的发生。

第三种否认则是既看到了问题又采取了行动,但行动方向是错误的,因此回避了真正的问题。这种否认堪称表演大师,一个值得称道的魔术师,它能让每个人在船下沉时一起唱国歌,或者让所有人重新排列甲板上的椅子,而不是将努力集中在解决真正的问题上。

正是这种否认让人们接受了绝症的诊断,却始终试图与之抗争到底,把所有的精力和努力都集中在解决错误的问题上。正是这种否认和"战斗号召"阻碍了人们专注于真正的问题——找到与死亡和解的方法。第三种否认可能是一种崇高的追求。通常,这种否认表现为对替代疗法、奇迹疗法、信仰治疗或治愈饮食的追求。到这个时候,常规的医疗手段已经失败。"但他们到底懂什么呢?"如果这种否认正在进行一场"战斗",最好不要与之作对,因为它可能令人不悦。

虽然这三种否认看似无害,甚至很容易被误认为是我们最好的朋友,但事实并非如此。否认是一个窃贼。它不仅剥夺了临终者为死亡做准备的宝贵时间和精力,还剥夺了人们了解和接受真相的机会,这种代价是巨大的。

我记得特鲁迪,一位被诊断为患有第四期结肠癌的患者。她在接受结肠癌手术后,一切似乎都很好,直到多年后,她的肺部出现了一个斑点。癌症复发了,由于这是一个孤立的病灶,而且复发发生在多年之后,所以她接受了切除手术。

这次一切看起来也都不错,直到发现癌症已经扩散到她的肝脏,并且最终扩散到她的大脑。尽管预后极为不乐观,但特鲁迪却仍然拒绝接受自己正在走向生命的尽头这一事实。

她的否认无法阻止她的死亡,但确实导致了以下结果。

- 使她与丈夫和孩子之间疏远,最终破坏了家庭关系,因为家庭需要为她的离世做准备,而她却拒绝了他们。
- 关闭了沟通渠道。她拒绝与任何不认同她、对她持否定态度的人交谈。
- 影响了她生活中的选择,因为她发起了一场"战斗",把时间花在了挑战死亡的活动上,而不是做出那些肯定生命意义的选择。
- 阻碍她为死亡做好准备——有很多事情需要完成。
- 未能兑现承诺。特鲁迪最终孤独地离世,而不是在深爱她的人的陪伴下。

否认有时会伪装成一种善意。曼迪的父亲被诊断出患有晚期脑癌之后,她解释说,他们通过拒绝谈论此事来"保护他"。每当父亲在谈话中提起这个话题时,他们会用一些看似温柔的话刻意打断,比如"你会好起来的""你会没事的""你不会死的",这种看似善意的帮助方式,实际上却阻碍了他,使他被剥夺了为死亡做准备的机会,也失去了以他自己的方式与亲人告别的机会。

第 4 章
我们永远不知道死亡和明天哪个先到来

我知道否认通常只是一个阶段，它可以是一种良好的初始应对机制。在我的职业生涯中，我发现持续性地否认是一种具有破坏性的力量，它阻止人们为一个善终做准备。我这样说是因为死亡不仅影响临终者本人，也影响所有与之同行的人。否认关闭了接受之门，而临终时，这扇门需要打开。应该有坦率的对话、泪水中夹杂的笑声、深刻的反思、生命的庆祝和彼此的分享。最重要的是，给予爱与被爱的机会。出于所有这些原因，否认必须被克服，而这有时需要时间。

无论是在我们的生活中，还是在我们所爱的人的生活中，我们每个人都会有一个"冰山时刻"。这可能会成为我们一生中最糟糕的一天，它将带来可怕的震惊；这可能是我们一生中最糟糕的一天，它将带来巨大的冲击。这将是一个让人头晕目眩的重击，无法以任何方式减轻其带来的痛苦。在那一刻，死亡不再是抽象的理论，而成了现实，一切都发生了变化。我们舒适而安全的生活被不可逆转地打破；我们被迫进入一个新的痛苦现实，我们需要找到应对的方法。

在这个"冰山时刻"之后，消化这一新现实需要时间：

- 这不可能是真的；
- 这不可能发生；
- 一定是哪里弄错了，我还太年轻，不可能死；
- 这不是命运的安排。

起初,否认可能给你一个可供依靠的支撑,但那之后呢?如果你的船正在下沉,你需要一个真正能解决问题的计划!

第5章

有一种煎熬是
从生过渡到死的临终时刻

走出人间，走出时间
以终为始的生死观

当我们意识到死亡的逼近时，我们必须经历一段痛苦的过渡旅程。这个过渡始于健康良好的状态，在这个阶段，疾病和死亡是无法想象的。如果你处于完美的健康状态，是不可能因疾病而死的。

这个过渡的另一端是死亡的必然性，在那里健康和幸福的概念同样不再可能。当死亡不再回避你时，避免死亡是非常困难的。从期待生活转向期待死亡是一个巨大的挑战，也需要漫长的时间。这是你所需经历的最艰难的事情，因为它涉及很多方面，这就是死亡教育如此重要的原因。我们无法在没有帮助或某种路线图的情况下，从一个点到达另一个点。

有些人拒绝承认这种转变，他们始终停留在否认的状态，即使生命已经奄奄一息，他们仍拒绝正视死亡的临近。这是可以理解的，不能因为他们紧抓着今生的一切而被指责，但这种否认是无法持续的。在某个时刻，无论我们同意与否，死亡都会降临。即使抱着最好的意愿忽略死亡，大多数人最终还是会因为身体状况的变化而被迫走上这条转变之路。

对于某些人来说，从健康到死亡的转变是在瞬间发生的。他们身体健康、精神饱满地离开家，却由于灾难性事件的发

第 5 章
有一种煎熬是从生过渡到死的临终时刻

生（比如车祸或心脏病发作），晚上再也无法归来。他们没有过渡期，也没有时间去准备死亡，没有告别、表达爱或和解的机会。死亡可能会瞬间降临，从某种角度来看，这似乎是一种不错的离去方式——死得突然，甚至不自知。这种突然转变的好处是不需要付出任何努力，还没开始就已经结束了。但是，死亡所影响的不仅仅是逝者本人，它还会影响一个家庭或整个社区。根据我的经验，这种突如其来的死亡是最混乱的，它们给留下来的亲人和朋友带来了最深远的悲痛与失落。

转变的过程被称为"临终"，这是一个动词，代表动作。临终是一个动态且不断变化的过程。临终涉及许多需要了解的重要事项，还伴随着一些具有挑战性的身体变化。了解这些变化，意味着可以在正确的时间、以正确的方式去应对它们。死亡还涉及强烈的情绪，找到躲避情绪风暴的避风港至关重要。

死亡也是一种精神性事件，在不触及永恒的情况下，是无法提供死亡教育的。在临终的过程中，还有许多实际的事情需要去了解和完成，这需要耗费大量精力——临终是令人身心疲惫的过程。

临终比死亡本身更糟糕。从很多方面来说，死去反而是最轻松的部分，因为一切都结束了。死亡意味着不再有任何责任，痛苦也随之结束。人一旦死去，无法再做任何事情，或者说无法改变任何事情了。终场哨声已经吹响，比赛结束，记分牌无法改变了。

因为临终是艰难的过程，有时会觉得"提前退出"似乎更容易，但这种退出方法并不存在。我们无法逃避，我们都必须经历这一过程。

应对临终各方面问题的方法与我们完成生命中其他重大任务的方法相同——一次迈出一小步。如果我们不迈出第一步，就无法到达终点，而转变的第一步往往是最困难的。只有在我们感到安全的情况下，我们才能迈出这一步。这将取决于我们的叙事，以及我们如何允许它改变。

作为医生，我们最不愿意做的一件事就是向患者传递坏消息，而最糟糕的消息莫过于告诉他们患有不治之症或终末期疾病。作为一名肿瘤科医生，我在工作中经常不得不告诉患者，他们的癌症又复发了，并且病情无法治愈。我们都希望的那种叙事——一切都好，你的癌症已经被治愈了——不再成立。但是当我们遇到"冰山时刻"，叙事就会发生变化。在这种情况下，你会说什么呢？

你要如何告诉泰坦尼克号的船长他撞上了冰山？你是否会温柔地说："对不起，船长，我认为有一个小问题？"或者你会说："哦，糟糕！我们刚刚撞上了一座巨大的冰山！"无论你怎么说，都不会改变船正在下沉的事实，但它会改变你应对船下沉的方式。我们传达坏消息的方式，决定了我们如

第 5 章
有一种煎熬是从生过渡到死的临终时刻

何应对灾难的方式。

我们可以选择什么都不说,也可以让别人说——这通常是最简单的选择,但大多数人的策略都是一样的,结果就是没人说。

当有坏消息的时候,不可能有好消息,而在坏消息出现的时候,我们需要用一种诚实和富有同情心的方式来表达。如果诸如"她会好起来的,伙计"或"一切都会没事的"之类的陈词滥调不真实,那就是没有用的。当叙事发生变化时,我们需要让所有相关人员都知道,以便他们有时间调整和准备。

最近,我不得不告诉我的好朋友比尔,他患有第四期无法治愈的癌症。作为一名参与他治疗的医生,同时也是他的朋友,当他在一家大型学术医院接受治疗期间,我一直密切关注着他的病情进展和治疗结果。我记得在看他的正电子发射断层扫描(PET)图像时,当我试图消化他肺部新出现的无法治愈的大型肿瘤的证据时,我感到震惊。在那个真相揭晓的瞬间,我只能说:"哦,不!不要这样!"

当我看着比尔的扫描结果时,我知道他今年的生日将是最后一个生日了,他未来的孙辈永远不会认识他们的"爷爷",他也永远不会看到他儿子的律师毕业典礼。我知道他的妻子将会孤单一人,而且她可能无法很好地独自应对,我知道疾病的轨迹和疾病的相关症状。作为一名医生,你怎能不为即将失去的东西而流泪呢?

- 你如何告诉你的朋友他的故事已经改变了?
- 你什么时候告诉他这个改变?

这种对话是最难进行的。作为医生,我们知道,我们需要时间温和而缓慢地传达这个坏消息。我们需要诚实,更需要说话的艺术;选择在正确的时间开始对话,并在其他时间继续对话。我们需要倾听并留出空间,让我们的对话朝着需要的方向发展。我们知道我们不需要解决问题,我们需要在那里陪伴那个承受噩耗的患者。

我们知道,在多次谈话中传达坏消息效果最好。因此,最好先发出一个警告:"出现了问题。"这会让大脑开始思考这个问题。

比尔:

- 你最近的正电子扫描中有一些事情让我担心。
- 你介意来见我讨论结果吗?

比尔来了,我们继续谈话。我知道的事,他不知道。很重要的是,要正确地叙述并诚实地讲述事实,但是要用简单明了的方式。必须是善意的、富有同情心的,并提供希望,但它也必须是真实的。

第5章
有一种煎熬是从生过渡到死的临终时刻

对比尔来说,这也会给他带来同样的问题。你如何告诉你的妻子你患有晚期癌症?当你知道你只有几个月的寿命时,你该怎么对你的孩子说呢?你又如何向你的父母通报他们的孩子将比他们先死去的消息?

丈夫和他妻子的谈话,比如"我今天看了医生,他很担心我的检查结果,我还要和他确认"。

父亲和成年孩子的谈话,比如"我感觉有点不舒服,准备星期四去看医生"。

这些初步的谈话为我们赢得了时间,并为下一次谈话做好了铺垫。这些谈话给我们时间去制定继续对话的策略,为故事的下半部分定下基调。如果不加思考,很可能会出错。我听过的也许是最糟糕的一次谈话,来自一个研究小组的成员。他在讲述病情诊断预测过程中,告诉病患"不要购买任何绿色香蕉",这意味着患者等不到它们成熟就会去世。这样的谈话多么可怕!

谈论改变叙事(病情恶化)需要勇气,但在许多方面,这种谈话是关心和表达对需要承受这一改变叙事的人的爱的机会。告知和被告知通往生命尽头的道路同样需要勇气。我们如何看待这条路,将取决于接下来的叙述。

在接下来的叙述中,旧的故事已经结束,我们需要新的故事。如何讲述死亡的故事,决定了这段剩余的旅程。如果你叙述的死亡故事是难以忍受的痛苦,那么死亡就是难以忍受的,从生命走向死亡的每一步,都将比前一步更加艰难。这将是一场艰苦的斗争,最后的日子将无比艰难,因为这就是叙述中对死亡的描绘。然而,如果我们叙述的死亡不过是入睡或通往天堂的下一次伟大冒险的大门,那么我们会发现沿途的每一步都是可行的。选择叙述死亡的故事很重要。

在葬礼上经常会听到这样的话:"他和癌症的斗争失败了。"这似乎是一个勇敢的叙述,它让人想起英雄胜利的景象。然而,现实是,任何绝症都会带来必然的失败,叙述一场失败的战斗是很艰难的事。这段旅程没有休息时间,直到生命终结——整段旅程可能都是让人筋疲力尽的,战斗到最后一刻是非常痛苦的。如果你将余生的旅程视为一场战争,那么它将需要有持续的侵略和愤怒作为资源。没有停战协议,也没有享乐的空间。享乐意味着失败。尽管这是一种大胆的叙述,但它并不是一种温和的叙述。

你的叙述将是你未来最重要的路线图,它由你自己给予的生活方向和允许组成,指引着你如何度过余生。你不必等待一个冰山时刻来选择这个叙述。你不必基于他人的经历来构建你的故事。你的故事并非一成不变,你有权改变对它的期待。这是你的故事——你拥有它,为什么不让它变得更美好呢?

也许思考这个问题的最好方法是将你的生活视为一本充

第 5 章
有一种煎熬是从生过渡到死的临终时刻

满章节的书。它有出生的章节,然后是童年的章节,还有风雨交加的青春章节、婚姻章节、孩子章节、工作成就章节、晋升章节、退休章节、衰老章节和疾病章节,但在你到达最后一章和故事的结尾之前,仍然可能有很多冒险章节。

你希望你的故事如何结束?我们常常假设结局会很糟糕,但我们可以选择尽我们所能让它变得更好。它必须基于现实和诚实,但也可以包括对极致乐趣的期许。如果你打算进行髋关节置换手术,那么请选择仿生增强型髋关节选项,它会给你带来不公平的优势,并让你在网球比赛中获胜;如果你需要轮椅,请购买带有赛车轮的轮椅;如果你最终要卧床不起,请确保你的床位于热带游泳池旁边的五星级酒店;如果你需要举办葬礼,请确保葬礼以粉红色为主题,并为每个人提供棉花糖。为什么要做无聊的事?就是为了让你的故事尽可能有趣。

我见到了我的朋友比尔,告诉他扫描结果,并尽可能以温和的方式告诉他真实的病情。我的朋友对这个消息感到很沮丧,但他拥有一个好的叙事方法:他对自己的诊断和预后持现实态度。他尝试了免疫疗法,希望能有效。这种方法持续了六个月,然后他在家人的陪伴下平静地去世。

作为他的朋友,我的角色并不是阻止死亡降临,而是帮助他走过这段坎坷的旅程。我在那里陪伴他,在他跌倒时扶起他,帮助他完成旅程。我们去征战不是为了打仗,我们在人生跑道上跑最后一圈,并享受这段旅程。

如果你打算面对从生过渡到死并为之做准备,为什么不通过创造一个有希望的故事来让这段旅程更轻松一些呢?我们无法掌控自己的故事。有时候,尽管我们怀有最好的意图,但我们的叙述必须改变。没关系,如果我们现有的故事不能达到它的目的,我们随时可以开始一个新的故事。你的故事唯一的先决条件是,它必须基于当前的现实。为此,我们需要正视死亡和临终的现实。

我们必须从"为什么会死"和"怎么变老"的问题开始思考。

第6章

衰老带来的不仅是身体的老去，还有空虚感和孤独感

走出人间,走出时间
以终为始的生死观

当心,你已经被"编程"了。这虽然听起来像一部精心制作的科幻电影的情节,但它却是我们日常生活的一部分。我们所有人都被自己的DNA(脱氧核糖核酸)遗传代码"编程"了,这段代码决定了你看起来像你的父亲还是像你的母亲,你的DNA中预先设定了你的眼睛颜色、身高、气质、能力以及预期寿命。藏在这段代码中的,是你所有的优点和不足。

在医学领域,我们询问家族病史,不是因为对你父母的经历感到好奇,而是想了解你基因构成的弱点。你的父母有心脏病吗?如果他们有心脏病,那你很有可能也会患心脏病。如果他们是糖尿病患者,你最好注意糖分的摄入量。然而,家族病史只能为未来的发展提供一些线索。你并不完全受父母基因的支配。你别担心,你不会变成你的父母。你并不完全依赖他们的代码,你有自己的代码。你的DNA是独特遗传物质的全新混合物,没有人能像你一样,你是一件杰作。

DNA代码被包裹在每个细胞中,并指导每个细胞的功能,它好似细胞的大脑。DNA代码传递着的信息会导致特定的细胞功能和活动。良好的DNA意味着健康的信息和良好的功

第 6 章
衰老带来的不仅是身体的老去,还有空虚感和孤独感

能,每天都会发出成百上千条良好的信息。

如果把遗传密码看成一件新织毛衣的成千上万条针线,也许能帮助我们理解遗传密码。当我们第一次拿到它时,它是崭新、柔软和干净的。它立刻成为我们最喜欢的毛衣,我们每天都穿着它。随着时间的推移,这件毛衣因磨损而变得破旧,就像生活中的其他事物一样,它变老了,开始退化。毛衣上可能因为"生活的发生"而出现破洞。这件毛衣可能被钉子钩住或受到过度拉伸,因此变得不再完美,但它还能穿,仍然是我们最喜欢的衣物。破洞最终会变得更大,针线会脱落得更多,总有一天我们必须非常不情愿地扔掉这件破旧的毛衣。这种衰退的原理发生在生活的各个方面:汽车生锈、木头腐烂、衣服变得破旧,甚至不可移动的风景也会随着时间的推移而发生变化。

同样的道理,我们的原始 DNA 也会随着时间的推移而退化。刚出生的时候,新鲜且极具活力的状态很快就会变得破旧和疲乏。虽然 DNA 有着惊人的自我修复能力,但是最终会出现损耗,也会像那件毛衣一样,出现一些磨损和破洞。有些外在因素会使 DNA 损耗得更快,包括饮酒、不良饮食、吸烟、辐射和不健康的生活方式。日常对我们的 DNA 的攻击最终会造成诸多 DNA 损伤,从而影响我们的功能。首先是 DNA 损坏,接着是遗传密码被破坏,随后信息被破坏,最后是细胞功能受到影响。细胞功能失调会导致与衰老相关的慢

性退行性疾病。

对有些人来说，我们的基因增加了我们罹患癌症的可能性；对有些人来说，可能是中风或心脏病；对有些人来说，仅仅是衰老。这不是消极，而是基于你的 DNA 对你人生概率的现实评估。我们的 DNA 在某些事情上有着强大的发言权，但它并不是生活中的唯一决定因素。通过选择良好的生活方式，我们可以在一定程度上保护我们的 DNA。然而，对于不幸或愚蠢行为，我们却无法完全防护。例如，酒后驾驶是导致早逝的一个不必要原因。如果我们醉酒驾驶，这是由于愚蠢造成的；如果我们被醉酒司机撞到，则是不幸造成的。

在生命的尽头，假设我们能避开所有风险，最终我们必须面对衰老，这主要是我们的遗传密码不断退化的结果。关于我们衰老的原因有很多理论，其中最有吸引力的是，我们的 DNA 终究会耗尽。细胞每次自我复制时，都会丢失 DNA 链末端的一小段 DNA。这个重要的片段会变得越来越短，直到什么都不剩，然后 DNA 就失效了。这种情况大约发生在细胞分裂 50 次之后，解释了细胞死亡的原因。细胞不可能永远存在，因此需要更换，但更换的次数有限。

大卫·辛克莱尔（David A. Sinclair）博士在他引人入胜的著作《寿命》（*Lifespan*）中讨论了衰老，以及我们为何会衰老。他认为，重要的不仅是我们的 DNA，还有被称为"表观基因"的支持性遗传结构。这些结构调节着我们的基因，

第 6 章
衰老带来的不仅是身体的老去,还有空虚感和孤独感

随着时间的推移,我们的细胞会因为表观遗传的丧失而失去其特殊身份。脑细胞忘记了它们是脑细胞,肺细胞忘记了它们是肺细胞。我们的细胞功能逐渐减弱,而不是突然终止。辛克莱尔博士在他的书中主张,我们不仅要活得更长,还要活得更好。这是一项令人兴奋的研究,表明衰老的影响可以在一定程度上被逆转,但那又怎样呢?

如果我们能神奇地将自己的年龄重置为 10 岁,并一遍又一遍地这样做,直到 1000 岁,这能使我们感到快乐吗?即使我们能解开生物功能的秘密并多活 100 年,我们仍然会面临死亡的问题,最终还是要回到同样的地方——衰老。

衰老会面临许多困难。衰老是一个收益递减、损失增大的旅程。视力和听力下降、味觉减弱、肌肉力量下降、活动能力成为问题。更为常见的是跌倒,最终拖着可怕的助行轮走路是日常生活的一部分。许多人的思维过程会变慢,做每件事都要花更长的时间。到了 80 岁,对一些人来说还能开车是一个奇迹,性生活是遥远的记忆,咀嚼需要一副假牙,穿衣服和脱衣服需要细致的策略规划。随着年龄的增长,人们会失去自理能力,需要依赖别人的照顾。衰老过程常常被忽略的巨大损失是亲人和朋友的离世,这会留下越来越多的空虚感和孤独感。

如果你认为变老很容易,请花一些时间与老年人聊聊吧。问问你身边 95 岁的老人,他们的生活如何;到最近的养老院

去，与老人共进晚餐，感受一下变老是什么样子。如果你仍然对活到 100 岁充满热情，请告诉我你的理由。

这种对极度长寿的悲观情绪显然不适合所有人。有一些令人惊叹的百岁老人仍然积极地生活，他们拥有令人难以置信的遗传基因和表观遗传基因，他们的生活方式常常令人鼓舞。但即使是我们中最优秀的人，也有需要叫停的时候。有时候，死亡也是一种解脱。

这听起来很直白，但不应该以消极的方式看待。在美好的一生结束时，我们都应该为善终做好准备。如果你可以随心所欲地想活多久就活多久，你会选择多久？或许这是一个不公平的问题，因为我们都想永远活下去。

或许更好的问题是："如果你的父亲或配偶可以活到你希望的时间，你会选择多久？"这让人们对死亡的必要性有了不同的视角和看法。我们知道，所有人都有一个"最佳食用期限"，一旦过了这个期限，生活就会像冰箱里的牛奶一样变质。

我们都不希望所爱的人死去——我们太爱他们了。同样地，我们也不希望他们永远活着，因为我们太爱他们了。我们必须做出痛苦的选择，因为长寿往往伴随着越来越高的代价。大多数人说他们注重生活的质量而不是数量，但其实我们希望二者兼得。遗憾的是，我们要选的项目并不在菜单上。

我们的遗传密码可能给我们带来生活中的优势或劣势。不是每个人都能成为奥运选手，也不是每个人都能成为歌剧演员，更不是每个人都能活到一百岁。我们充分利用我们所拥有的，尽管我们的生命长度充满未知，但我们希望这一旅程是美好的。当旅程结束时，愿我们准备好接受自己即将面临死亡的事实。

如果这个想法仍然让你感到惶恐不安，那就将其视为暂时的烦恼，还有很多旅程要继续，下一步便是了解当我们的身体最终出现故障时会发生什么。

第 7 章

濒死：怎样才算生命永久地熄灭

我们很难定义身体的死亡。从一开始,死亡就是致命的,无人能幸免。据估算,每个活着的人,就有 15 ~ 30 个已经死亡的人与之对应。根据这些数据,已经有多达 2000 亿人离开了这个世界。我们不是唯一死去的人,也不是第一批死去的人。当我们去世时,我们只是加入了大多数已经去世的人的行列。

死亡从未有闲暇之日,它总是忙碌的。但死亡到底是什么呢?

大多数人将其理解为一个人或有机体生命功能的永久终结。

在网上找到的另一个定义是"处于死亡状态"。好吧,这个评论点赞的人很多。

在澳大利亚,如果我们以《1982 年人体组织法》(*Human Tissue Act 1982*)第 41 条为指南,给死亡下的法律定义是:当一个人的血液循环或大脑的全部功能不可逆转地停止时,该人即被认为已经死亡。

这些定义并不能真正帮助我们理解死亡。我们可以先思

第 7 章
濒死：怎样才算生命永久地熄灭

考生命，然后将死亡定义为生命的消失。

对"生命"下定义很容易，因为它的特点是对外界刺激有反应。如果你去戳一些有生命的东西，它就会做出反应。当我们还是孩子的时候，我们可能会去戳一个我们认为已经死亡的生物，来测试它是否还活着，结果我们却被它的反应吓了一跳。我能想到许多活蹦乱跳的鱼或蠕动的虫子，它们原本看起来似乎已经死了，直到被触碰后才发现它们还活着。

我们了解这种对外界刺激的反应，这是急救和心肺复苏的第一步。如果有人看上去毫无生气且毫无反应，走到他们身边并尝试引起他们的反应；如果他们对大声的噪音或恰到好处的掐捏有所反应，那他们还活着。根据情况和刺激的强度，你可能会很幸运地发现自己还活着。如果你曾经用水测试过这个理论——泼醒一个正在睡觉的兄弟姐妹，那你就知道我所说的"庆幸自己还活着"是什么意思。

生命是充满活力的，它总是对外界刺激做出反应，而这些刺激并不像浇一桶水或恰到好处地掐捏那么明显。在人体中，有许多刺激会自动地、隐秘地在大脑深处发生，以维持我们的生命。在潜意识里，我们的大脑会提醒心脏跳动，指挥肺部呼吸。这些刺激不需要我们有意识地指导或许可，就能发生。我们可以安全地睡觉，而不必考虑呼吸问题；我们的心跳不需要节拍器。即使我们失去意识并且无法对外界的触碰做出反应，我们的呼吸和心脏反射也会忠实地继续发挥作用。当生命结束时，呼吸和心跳也是最后才停止的。

另外，还有一个值得一提的非生命关键反射——我们的瞳孔对光的反射。它无须有意识地去思考就会自动发生。如果你将强光照射到某人的眼睛上，他的瞳孔会自动收缩并变小。进行这个实验很有趣，前提是参与者愿意，并且光线不会令人目眩。当生命结束时，这种反射也会消失。当瞳孔对光没有反应时，这个人要么死了，要么失明了。

死亡可以被认为是对所有刺激反应的不可逆转的终结。无论有多少光照射到死者的眼睛里，他的瞳孔都会保持固定和扩张状态。无论你进行多少次心肺复苏，死去的心脏都不会对刺激做出反应。无论你提供多少氧气，肺部都不会重新启动呼吸反射。确定何时进入不可逆的状态，这是复苏过程中的一个争议点。总会有一个时刻，你必须停下来并宣布死亡已经发生，因为不可逆转的事情已经成为现实。

死亡时到底发生了什么？什么时候生命会永久熄灭？当我还是一名年轻的医学生时，我被要求去照顾雅各布，一位无家可归的男士，他当时已经进入临终阶段，被送到了急诊室。作为一名初级医生，我能做的不多，但我被要求去照顾他。我想主管要我去照顾这样一个患者，是把一个初级医生放在很简单和安全的位置上，他认为这是一个简单的方法，让我不会造成什么伤害。在雅各布去世时我陪伴在他身边，虽然我无法为他提供什么，但是能够和他坐在一起，对我来

第 7 章
濒死：怎样才算生命永久地熄灭

说是一份珍贵的礼物。

雅各布接受了疼痛控制，连接了心电监护仪和自动血压装置，这些设备科学地记录了他的生命体征。起初，他对刺激还有一些反应，当我和他说话时，他会发出一些呻吟。随着他的生命逐渐走向尽头，他的意识逐渐减弱。轻微的刺激仍然会引起他的反应，但动作缺乏目的性。他的言语不再清晰，只剩下模糊不清的呻吟声，这些反应很快就减弱了。

在几个小时的时间里，雅各布变得没有反应，他不再对外部刺激做出反应。我可以摇晃他或捏他，但他不会移动或有任何反应。他的呼吸变得不规律，血压下降，心电图显示心率减慢到每分钟 60 次。他不规律的呼吸最终停止，心率减慢到每分钟 40 次，接着是 20 次，直到最后心脏停止跳动。

他的瞳孔放大并保持固定。他在临床上已经死亡，而我目睹了他从生到死的转变。虽然这并不是一个特别的故事，因为死亡是人类生命中常见的一部分，但它确实让我有时间思考死亡的过程和时机。有时候，死亡并不总是像雅各布的死那样直截了当。

关于我们究竟何时以及如何死亡仍然存在一些争论，存在一些灰色地带，因为在某些情况下你可能基本上已经死亡，但并非完全不可逆转。谁知道那条底线到底在哪里？如果你被冻住，没有脉搏或呼吸，对任何刺激都没有反应，你算是死亡吗？不一定。你必须温暖才能死亡①。临床上宣布死亡和冷冻的人已被复苏和解冻，并成功活了下来，他们可以告诉你他们的故事。

如果你的身体功能被保留下来，但你的大脑却没有任何活动的迹象，或者已经发生脑死亡，你是否已经死亡？当一个人处于几乎死亡和完全死亡之间的灰色地带，并且没有人能做出决定时，这可能是一个非常困难的问题。这正是特丽·夏沃（Terri Schiavo）悲剧的核心。她的故事登上了《时代》杂志，并与1998年至2005年美国发生的一起死亡权利案件有关。

故事起因于特丽的心脏骤停，她接受了心肺复苏，但是却留下了永久性脑损伤，导致所谓的"持续性植物状态"。显然她没有死，她依然可以呼吸，心脏也在跳动，但对外界刺激没有任何反应。她的丈夫希望宣布她死亡，以便移除维持她生命所需的喂食管。她的父母希望她能得到维持生命体征所需要的护理，他们在这种糟糕的情况下仍然抱有一丝希望。经过激烈的法律斗争（最终甚至连时任美国总统的乔治·W.布什也参与其中），最终决定在2005年3月18日移除她的喂食管。特丽于2005年3月31日去世。

另一个引人注目的故事涉及简尼·索利曼（Jayne Soliman），

---

① 这是作者一种幽默或讽刺的表达方式，用来强调在极低温条件下，死亡的定义可能会变得模糊。——译者注

第 7 章
濒死：怎样才算生命永久地熄灭

她在怀孕期间因脑溢血"死亡"，尽管被宣布脑死亡，但她仍被维持生命足够长的时间，以进行剖宫产并安全地生下她的孩子。这一医学奇迹再次模糊了生与死之间的界限。

死亡在事后显得如此明显。用于确认死亡的临床症状是呼吸、心跳、大脑活动和光反射的消失。雅各布去世后，很容易就看出雅各布已经死亡；但在他濒死时，没有办法明确地确定他是部分活着还是大部分已经死亡。

死亡后，一些生理流程仍在后台运行，心脏、肺和肾脏等器官仍然可以进行移植。所有功能停止之前的最终物理变化，就像一辆汽车在踩刹车后继续沿着高速公路打滑。我们很容易知道最终汽车何时停下来，但驾驶员何时踩刹车却很难确定。

回想起雅各布的死，我想知道他死亡的那一瞬间，换句话说，他的生命是什么时候离开他的？这就引出了下一个问题：到底是什么让我们活着？如果这只是生物学问题，那么我们最终应该能够通过提供最佳的生物支持和替换失效的细胞来战胜死亡并获得永生。

目前，可以说在死亡之前发生了很多事情[①]；死亡之后是一片寂静，安详无声。当生命结束时，会感到预期的失落和悲痛。留下来的人仍然有任务等着他们去做，但死去的人现在已经安息，愿他们的安息是平静的。

[①] 这里所说的"很多事情"包括了死亡之前身体、心理、情感层面的复杂过程和变化。——译者注

第 8 章

生命彻底结束时的常见症状

走出人间，走出时间
以终为始的生死观

除非我们真的死去，否则我们就无法体验到死亡。这不是我们可以练习或完善的事情，毕竟我们的生命都只有一次，我们都期望生命能够平稳地落地。

当我住在新西兰时，一位作为飞行教官的朋友，邀请我去丹尼维尔克体验"欢乐飞行"，我对飞行感到非常兴奋。我们讨论了所有关于飞行、风速和方位的理论，作为一名只在沙发上看视频的飞行爱好者，我觉得自己已经准备好体验真实的飞行了。

丹尼维尔克机场并不繁忙，那是一条土跑道，上面有一栋小型建筑物。当时飞机、教练和学员都已经就位。出于天真，我邀请我的儿子一同登机，我们两个人挤进了机舱后排。飞行员和教练按规定坐在前排座位上，飞机沿着跑道滑行，随后腾空而起，飞向自由的天空。

这时我才意识到，这位驾驶员实际上并不是正式的飞行员，他只是一名飞行学员，他正在练习最基本的技能：起飞和降落。事实上，他对飞行知之甚少。教练虽然对飞行非常了解，但他当时并未驾驶飞机，所以在降落的过程中他还有很多东西要学。

第8章
生命彻底结束时的常见症状

当你着陆时,显然有一些事情需要考虑,比如飞行速度、进近角度和侧风等;还有一些事情需要不断检查,比如襟翼和起落架。地心引力也在威胁着将飞机以一种未计算出的惊人速度拉向地面,这通常被称为坠机。新手飞行员努力操控飞机,使其在风的摆动中保持平衡。值得庆幸的是,我们安全地着陆了。

我从未如此高兴能回到地面上,但这种感觉很快消失了。新手学员又发动了引擎,我们再次起飞——我们在做环绕飞行!很快我就不得不再次忍受同样的焦虑和痛苦。我明确表达想要放弃飞行的意图,并发誓绝不会再体验。一次就够了!

话说回来,飞行和死亡有很多相似之处。医生就像飞行教练,他们知道很多,但他们并未掌控控制台。掌控死亡过程的人是将死之人,但他们只是一个新手,并不真正知道自己在做什么。他们的亲人就像坐在后排的乘客,他们希望能有最惊心动魄的结局。同时,各种仪器显示侧风、进近角度、风速、襟翼,以及其他在跑道接近时需要不断检查的东西。值得庆幸的是,死亡只需经历一次。

有很多因素会影响我们的死亡方式,而对于我们每个人来说,这个过程是有所不同的。这可能取决于个人的体能储备和总体健康状况。如果你年龄较大、患有多种疾病或缺乏良好的医疗护理,那么死亡通常会更快到来,它还可能取决于诊断。有些癌症的病程比其他癌症更短，而运动神经元疾病和慢性疾病则像是漫长的"飞行计划"，它们的"着陆"似乎永远没有尽头。

疼痛是一种常见的威胁，疼痛管理是一项基本技能。对于癌症来说，其他"侧风"①包括体重减轻、疲劳、偶尔呼吸困难、恶心，以及（如适用）治疗的副作用。每一个新的症状都需要在最终着陆前进行微调。每种疾病都有其独特的挑战。当时机成熟时，最好的建议是询问你的医生会发生什么以及如何控制症状，以确保安全着陆。

无论诊断结果如何，所有飞行都会以大致相同的方式结束。飞机保持水平，速度降低；通过练习，可以实现轻轻着陆——几乎没有感觉。在最后的"降落"阶段，有一些常见的症状（特别是从癌症的角度来看）是可以预见的。了解这些可以让着陆变得更加可预测，也许会稍微减少一些恐惧感。无论疾病的性质和病情如何，临终时的症状都是相似的。这是一段脆弱而宝贵的时间，人们应该完成最后的检查并致力于最后的"着陆"。

以下是生命结束前的常见症状。

---

① 在航空或航海领域，侧风是指与行进方向成一定角度的风。此处作者借以描述癌症患者除了疼痛之外所面临的其他挑战或困难。这些挑战需要患者和医生共同努力，通过调整治疗和管理症状来应对，以确保"安全着陆"。——译者注

第8章
生命彻底结束时的常见症状

疲劳感和倦怠感增加

疾病会消耗能量,随着能量消耗殆尽,日常活动会变得困难。即使是起床都让人筋疲力尽,通常不再可能完成所有活动,都需要协助,包括进出洗手间。此时,睡眠是一个好朋友,而访客可能会成为一种负担,并且在这个阶段,已不再有精力完成那些未完成的事情了,好像车子的油箱里没剩多少油了。

对周围的环境缺乏信心

生活失去了吸引力,曾经享受的爱好或活动也不再有吸引力。在电视上看足球比赛或读一本最喜欢的小说并不值得费力,价值数百万澳元的资产也不再重要。曾经有价值的日常物品不再具有任何价值。跑道就在前方,焦点不再是风景,而是着陆。

没有胃口

吃已经不再重要了,食物失去了味道和吸引力。通常,伴随的轻度恶心会进一步导致食欲减退。吃东西主要是为了满足家人坚持要他们吃东西的需要,但他们的身体不再需要食物。这往往是最大的战场,因为家人试图阻止死亡临近——家人知道,如果你不吃东西,你就会死,他们希望你吃东西，这样死亡就不会无礼地打断你的用餐。

意识模糊和不安增加

感觉好像身体不再"合身"了，就像穿着一双不合脚的鞋子或一件令人刺痒的羊毛衫。随着不适感增加，结果就是不安和烦躁。此外，由于和死亡相关的化学变化，大脑会变得越来越混乱。随着死亡的临近，嗜睡、意识模糊和意识受损变得越来越普遍。

系好安全带——濒死阶段

当身体濒临死亡时，会发生很多事情。但对于濒死的大脑来说，随着意识的减弱，发生的事情会越来越少。那些濒死的人，大多不知道正在上演的戏剧。疼痛是可以控制的，濒死的人不应该承受这种痛苦。使用注射泵来提供有效的疼痛控制，而不是一些人错误地认为的加速死亡。死亡已经在门口，无须邀请。

旁观者常常会为最后 48 小时身体内的变化感到哀伤，情绪逐渐高涨。预期什么会发生以及什么时候会发生，都存在很大的不确定性。告别的时刻已经过去。人们通常认为他们会有时间进行最后的聊天和交谈。而通常到这个时候，已经太晚了。但如同往常，总有例外。

第 8 章
生命彻底结束时的常见症状

有时，临终的人会奇迹般地苏醒，坐起身来，短暂地成为聚会的焦点，但在接下来的几天内就会因旧病复发而死亡。这听起来有些不可思议，但是已经有足够的报道让我们知道，人在死亡之前有时会有一个短暂的蜜月期，这就是所谓的临终清醒（类似于回光返照），如果不是这么严肃的时刻，它可能会很有趣。它可能会持续几个小时，正如以下这个例子。

可怜的老埃德娜婶婶已经昏迷，即将离世，她的家人围着她，都在等待着最坏的情况发生。医生说她的生命还有几个小时——看！就在这时，她突然睁开了眼睛，要了一份带腌菜的三明治，并询问她的儿子艾伦什么时候会来。

原本是一场临终守候，却迅速升级为一场派对。埃德娜的状态看起来从来没有这么好过——主要是因为她之前看起来不可能更糟糕了。她一边聊天一边吃三明治。这是所有人祈祷的奇迹！医生们因错过了这次康复诊断而感到尴尬，而家人则感到沮丧，因为他们为了看望可怜的埃德娜长途跋涉了上百公里。

然而，这一切来得快去得也快，埃德娜很快就再次陷入昏迷，并在接下来的几天内去世。

在死亡的时候，身体的任何部分都可能出问题。肾脏不起作用，所以没有尿液，或者只有一小股黑色的细流；肝脏无法正常工作，肝脏和肾脏积累的毒素会导致混乱和嗜睡；皮肤上呈现出小血点；心脏不能正常泵血，手脚变冷，颜色呈斑驳的蓝色；血压下降；手和脚可能会浮肿。这些变化是渐进累积的。当器官衰竭时，它们会导致其他器官的衰竭。一连串的灾难影响着大脑，最后影响心脏。

大脑的停止运转值得特别提及，现在是着陆的时候了。

大脑停止运转

大脑是一个神奇的器官，它调节着身体的所有机能。它可以接收光信号，并将其转换为有意义的图像，以便我们可以看到；它可以协调喉咙、嘴唇、肺部和声带的运动来发出声音，以便我们能够说话和使用语言；它可以识别声波并将其转化为有意义的信息，以便我们能够听到；它使我们能够做出有目的、有方向的运动。例如，如果你想喝杯咖啡，大脑会协调所有活动并计划实现这一目标。我们认为这个简单的任务是理所当然的，但如果你将其分解成各个组成部分，制作咖啡实际上是一项了不起的壮举。

当我们经历死亡的过程时，我们认为理所当然的活动就会逐渐丧失。最初，困惑和迷失方向是很常见的。我们的自我意识，比如"我是谁？"；方位意识，比如"我在哪里？"；时间意识，比如"现在几点？今天是星期几？"这些意识都丢失了。

接下来，更高层次的思维功能会丧失，包括我们的语言功能和遣词造句的能力,所以留给我们的只是毫无意义的呻吟和语无伦次的咕哝。有计划的运动消失了,我们的活动变得随机而且漫无目的。

渐渐地,我们对外部刺激的反应消失了。在昏迷阶段,肠道和膀胱不受控制,临终者会出现失禁的情况。床被弄脏了,如果护理他的家人不明白发生了什么,这可能会让他们感到非常痛苦,因为他们不明白为什么爸爸现在弄脏了床单。

很快,大脑就无法再调节我们认为理所当然的潜意识活动。最后,呼吸和气道的调节功能丧失,呼吸方式发生变化并变得不规律。快速浅呼吸之后是缓慢呼吸,呼吸之间出现较长的间歇。这些间隙变得越来越长,直到呼吸停止,然后又重复这一过程。这被称为潮式呼吸。当呼吸停止时,呼吸之间会出现很长的间隔,偶尔会出现深深的喘息,就像人没有吸入足够的空气一样。这并不表明这个人正在窒息,而是表明他们正走向死亡。

在这种深度昏迷状态下,大脑不再意识到喉咙后部的分泌物。通常这些分泌物会被自动吞咽,但这时已经不再发生。吞咽已经停止,这些分泌物在呼吸时变得明显。它们会发出湿漉漉的鼾声,听起来似乎人正在被分泌物淹没。在医学术语中,这些声音被称为"死亡喉鸣",[①]这是临终征兆,死亡即

[①] 指濒死者在呼吸时因喉咙后部积聚分泌物而发出的湿漉漉的声音,是临终的常见体征之一。——译者注

将来临（几分钟或几小时后）。

大脑趋近衰亡，意识早已消失，临终者不再属于这个世界。死亡临近，飞机在适当的时候着陆——飞行结束了，身体安息了，终末期疾病的痛苦和困扰已经过去了。愿这是一次完美的着陆。

死亡的生理过程充满挑战，它主导着临终者的生活，也深刻影响着他们的亲人和护理者。身体的死亡很容易理解，因为它是基于生理学和生物学。我们可以测量身体表现的每一个变化，进行常规的血液检查，对每种症状进行分类并有效地管理它们。从生理角度来看，我们似乎已经能够很好地应对这些问题。

但这并不是我们死亡前遇到的最大挑战。当面对死亡的生理层面时，表现出勇敢和英雄气概是很容易的，但是英雄也会哭泣。临终最令人痛苦的是不得不道别，以及不得不忍受死亡带来的情感失落。这种情感上的负担才是我们最为恐惧、对死亡心生敬畏的根源。

如果我们真的想要勇敢地面对死亡，就必须处理好我们的情绪。

第 **9** 章

让我们痛苦的不是死亡本身，而是与之相关的情绪感受

走出人间,走出时间
以终为始的生死观

通常我们在死亡时不会思考最让我们困扰的到底是什么。我们普遍认为我们死亡时最关心的是身体方面的状况,但事实并非如此。虽然我们十分厌恶死亡对身体的影响,但它们却不一定是我们最关心的问题。

我们在生活中都曾经历过身体某种程度上的痛苦。我们可以应对各种疼痛,尽管我们不喜欢它,但我们可以忍受它,分娩就是一个例证。临终时刻,对于我们来说,各种预期而至的身体症状(如疼痛、疲劳、呼吸短促和恶心等),都是我们可以掌控的。对这些症状管理的挑战也都在缓和治疗医生的技能范围之内。而对于濒死的症状,我们甚至可以像进行膝关节置换手术或看牙医那样抱着积极乐观的态度:"这不会很有趣,但总会有办法应对。"临终时的痛苦终将会过去,不会永远持续下去。

但是,另一种形式的痛苦却让我们无法回避,那就是与死亡相关的失落感。这种体验通常是一种比与死亡相关的身体疼痛更令人痛苦的经历。对大多数人来说,正是这种体验让死亡的痛苦变得如此可怕,让人难以忍受,令人震惊不已。这也正是我们最孤立无助的时候。

第9章
让我们痛苦的不是死亡本身,而是与之相关的情绪感受

此时此刻,我们正在经历一个转变。与死亡时身体发生的转变不同,这种转变不一定是螺旋式的下降,而我们也不会因死亡而在情绪上变得更糟糕。实际上,有些人会因发现了自己人生的真正意义,而在这段人生的最后旅程中变得从容淡定。

正如生命中所有伟大的旅程一样,我们的情绪旅程也会有一个起点,而这个起点是在面临生死的"冰山时刻"之前就存在的。在那之前,我们早已背负了情绪包袱和情绪的防御装备。当我们面对失去的亲人时,当我们面对阳光似乎永远不会照到的绝望深渊时,我们不得已要背着这些沉重的情绪包袱和情绪防御装备继续前行。

当我们预感到死亡来临,我们会失去一切时,一种绝望感油然而生。当我们死亡时,我们不仅会失去生命,还会失去我们为之奋斗的一切。我们丧失了所有的意义、相关性和联系。对于那些活着的人,他们面临的将是巨大的丧亲之痛;而对于那些死去的人来说,则面临虚无的威胁。绝望之际,我们会经历恐惧、内疚以及一系列的失落和痛苦,似乎生命毫无意义,也没有什么可以拯救的。毫无例外,我们每个人都很容易被这些黑暗情绪所影响。

与我们的身体别无选择地承受疾病的螺旋式下降不同,我们的思想是自由的。在看似无底的绝望深渊中,我们面临两种选择:第一种选择是继续沉浸在悲伤和绝望之中;第二

走出人间，走出时间
以终为始的生死观

种选择是有意识地以终为始，继续向阳而行。无论如何，我们终将都会面临着一个选择：是继续沉浸在濒死状态中不能自拔，还是继续努力地生活下去。

如何可能？摆脱这种绝望的方法是了解情绪的本质。情绪绝不像它看上去的那么真实，我们有能力超越我们的黑暗情绪，同时我们还具有通往其他情绪（比如希望和爱）的途径。为了做出这个选择，我们必须仔细聆听我们的情绪，后退一步，去看清情绪的本来面目。我们不能忽视情绪的存在，否则我们就会被它的威胁所压倒。我们可以成为情绪的主人。

情绪是我们存在的核心。作为人类，我们生活在感受之中。情绪激励着我们，而我们在很大程度上却被自己的情绪所左右。我们的行为与事物让我们感受到的情绪紧密相连，或者与它们给予我们潜在的感受相关。我们要做好"长痛不如短痛"的准备。

人们往往更愿意追寻快乐的情绪，营销人员早就深谙此道。我们购买新鞋不仅仅是因为它漂亮的外观，而是它能带给我们的满足感：新鞋让我们感到很高兴，让我们感到自己很重要，也让我们感觉自己很酷。

安东尼奥餐厅的美味比萨饼也是如此。它的美味不在于上面的许多配料（这些配料我们可以在任何副食品店买到，我们并不真正关心这些配料），而在于当我们咬下那层混合着番茄酱、奶酪、令人垂涎的配料时，以及当这些完美酥脆的比萨饼底与舌尖上的味道相融合时,它所带给我们的美妙感觉。每一口都让我们沉浸在快乐的情绪中,餐厅的氛围和诱人的香气在无形中都增加了我们的愉悦感。

如果我们有着同样的饥饿感,也有着同样成分和配料做的比萨饼,但是在法院吃比萨饼,即使是完全相同的比萨饼,其味道也截然不同了。我们在安东尼奥餐厅的感觉更快乐,正是这种快乐的经历让我们再次光顾。同样,如果我们刚刚在一段情感关系中被抛弃,那么很可能那里的比萨饼从此再也无法像以前那样美味了。

我们所做的一切都是基于情绪的:我们的爱、恨、感受到快乐和幸福、笑、哭,甚至可能经历恐惧。我们买鞋、吃比萨饼、开车、经营一段关系,都是因为它们为我们提供了情绪价值。我们的情绪反应让我们觉得自己还活着。我们永远无法将自己与情绪分开,也不希望分开。

因此,情绪是如此重要,我们需要更多地了解它们。以下是我的一些基本的观察结果。

情绪是自然的和多变的

尽管我们情绪的范围和深度取决于我们的个性,但是我们都会在某种程度上感受到情绪。我有一个朋友,如果他在一次汽车抽奖中赢得了一辆法拉利汽车,他的反应只会是说声"谢谢"。而且,如果你问他当时感觉如何,他可能也只是简单地回答:"还好吧。"他的情绪尽管可能并不强烈,但依然存在。然而,有些人仅仅赢得了两澳元的抽奖,你会觉得需要给他们打一针镇静剂才能让他们冷静下来。

情绪各不相同,并且可能会爆发,我们经常在体育比赛中看到这种情绪的爆发。在2012年的澳大利亚网球公开赛上,马科斯·巴格达蒂斯(Marcos Baghdatis)用连续摔坏四把网球拍的方式取悦了观众,其中两把球拍还裹着塑料包装,但它们完全没有幸免的机会。

是什么激起人们的情绪呢?有些人会因优美的音乐或壮丽的日落而感动到落泪。即使是一个硬汉,也会在女儿的婚礼或孙子女出生时热泪盈眶。我们每个人都有情绪,但并不总是以同样的方式感受。

情绪是化学的

我们体验情绪是因为大脑中的化学反应,涉及许多化学物质,包括血清素、多巴胺、雌激素、睾酮、肾上腺素和皮质醇等。此外,还有一些来自体外的刺激物质,例如尼古丁、酒精以及一些违禁品。

第 9 章
让我们痛苦的不是死亡本身,而是与之相关的情绪感受

情绪是强大的

人类的情绪是一种强大的力量。我们的情绪有时会让我们超越我们的自然能力,做出远超预期的表现。

在体育运动中,有些选手天生能够调动自己和观众的情绪,并利用这种能量来提升自己的表现,激发斗志,超越自我。这几乎就像他们突然能够找到由情绪驱动的另一个挡位。

在基本生存的层面上,我们的"战斗或逃跑"反应对肾上腺素的反应可以导致超人般的壮举。这一现象就曾在劳伦·科尔纳基(Lauren Kornacki)身上发生过,她将一辆宝马车抬起,救出了被压在下面的父亲。被称为"小个子"的沃伦·埃弗拉尔(Warren·Everal)曾在美国经典电视系列剧《夏威夷神探》(*Magnum PI*)片场的一场事故中抬起了一架直升机,救出了被困的飞行员。无数不可思议的壮举,都是在情绪的爆发中完成的。

情绪是非理性的

情绪是非理性的。2006 年 3 月 29 日,盲人吉姆·谢尔曼(Jim Sherman)冲进一栋着火的房子,营救他的盲人邻居,并将她带到安全的地方。当时他在想什么?人们可以根据情绪反应做出非常勇敢的行为。显然,冒着自己的生命危险去拯救别人的生命,从来都不是理性的行为。

正是爱的非理性，才让我们忽视了所爱之人的缺点。正是这种非理性的情感，使得仇恨在人心中变得如此强烈，以至于导致难以言喻的行为。因为情绪是非理性的，所以我们应该小心处理。

情绪会受到环境的影响

外部发生的事情会影响内部发生的化学变化，从而引发我们的情绪。当你遇到以下情况时，你有何感受？

- 开会迟到并且堵车；
- 找到丢失的车钥匙；
- 抱着你的第一个孙子；
- 遇见老朋友；
- 遇到宿敌；
- 失去工作；
- 爆胎导致车子抛锚。

其中一些情况可能会引起我们强烈的情绪反应。有时，生活中的事件可能会造成巨大的创伤，以至于留下情绪上的疤痕。未知的情况也可能会给我们带来很大的压力，因为我们在新的环境中没有任何行为参考点，而我们的默认情绪往往是出于威胁和恐惧。想想看，当你在一个陌生的城市开车且分不清方向时，你会有什么感觉？

第 9 章
让我们痛苦的不是死亡本身，而是与之相关的情绪感受

情绪是变化的

我们的情绪永远不能保持不变，它们随时都可能发生变化。如果你观察一个幼儿在一段时间内的情绪变化，你便会看到他们每隔几分钟情绪就会变化一次。如果我们允许，成年人的情绪也可以做到同样的事情。通常，无论事情在某一天看起来多么糟糕，第二天早上醒来时都会感觉好多了。即使实际情况并没有任何改变，我们的情绪却发生了变化。

在夜晚辗转反侧，被情绪困扰并不罕见。值得注意的是，这种情绪会发生变化，有时我们需要允许这种变化的发生。远离愤怒的根源可能会让你的情绪发生明显的变化，以至于当你回来时，你会发现自己对同样的事情做出完全不同的情绪反应。

情绪使我们脆弱

男儿有泪不轻弹，这或许是我们从小被教育的信念。从文化角度来看，表达情感可能是不对的，因为它可能被视为软弱或失败的表现。但我们的情绪往往会使我们变得脆弱。如果我们感到尴尬或感受到威胁，就很难表现得良好。你还记得第一次和那个女孩约会的情形吗？或者征求她父亲的同意，让他的女儿和你结婚？我花了几天的时间，才鼓起勇气向我妻子的父亲提出这个请求。

情绪可以是潜伏的

回想一下你生活中的不同经历,有些经历是积极的,你所感受到的情绪会持续几天。丰田汽车公司曾经基于车主购买新车的兴奋感开展了一场广告活动,其宣传口号是"你仍然有这种感觉吗?"

然而,有些经历是负面的,你可能会记得其中的一些。例如,你在学校因吸烟而受到惩罚的时候,或者你因超速而被拦下的时候,或者你被男朋友甩了的那天。你能记起事件中的一些细节吗?比如你当时驾驶的汽车或穿着的衣服。这些细节可能会模糊不清,但你所感受到的情绪的记忆和体验仍然非常真实。

被压抑的情绪可能会爆发,它们可能会和我们相伴、发酵和徘徊。这些发酵的情绪有时是我们生活中背负的重要包袱,我们的感受可能是合理的,但并不需要一直伴随我们。我们可以摆脱它们。

情绪需要被表达

作为情感丰富的生命体,我们需要表达自己的感受。当我们参加体育比赛时(例如曲棍球或足球比赛),这很容易。在喧闹的欢呼声中,我们可以尽情释放情绪。在这些情况下,因为没有太多利害关系,表达情感显得轻松自然。但我们在脆弱时要表达情绪却是非常困难的。我们在深爱的人面前最为脆弱，总是想要保护他们，与他们分享我们深藏的感受是非常艰难的。

有时我们会忘记或拒绝释放自己的情绪，尤其是在痛苦的时候。你无法永远压抑情绪，最终，它要么会宣泄出来，要么会爆发。拳打墙壁是青少年男孩因释放情绪导致手部骨折的常见原因。找到一种安全表达情绪的方法，是我们每个人都可以培养的技能。我们可以学习在心理治疗中或通过音乐、艺术、写作或体育活动来表达我们的情绪。你可以尝试一下，释放你的情绪——哪怕只是一点点也好。

往往在情绪激烈的时候（例如面临战争、爆炸等重大破坏事件时），人们能够理性、冷静地思考，很好地处理紧急情况，但是因此而产生的潜在情绪，需要在某个时刻得以释放。如果不处理好情绪，常常会导致倦怠或创伤后应激障碍等问题。

詹姆斯·彭尼贝克（James Pennebaker）博士在他的著作《敞开心扉》（*Opening Up*）一书中描述了当人们敞开心扉，谈论他们在过去的经历时所获得的治愈效果。

情绪会影响我们的行为

我们的行为受到情绪的驱动。如果我们不了解自己或他人的感受，我们将无法理解自己或他人的行为；如果我们以错误的情绪回应某种情境，我们的行为就会走入歧途。想想两位支持对立体育俱乐部的球迷，他们最终发生了不理智的行为。我确信暴力从来都不是故意的，但在情绪的影响下，这种冲突就会在无意中爆发。我们常常因为情绪而说出或做出令人后悔的事情。在理性冷静的时候，我们常常为自己在情绪爆发时的行为感到遗憾和羞愧。

情绪可能是不可预测的

你可能听过有人"情绪崩溃了"，这意味着他们原本一切安好，但突然他们的行为变得极不理性甚至疯狂。类似这种"压死骆驼的最后一根稻草""中年危机""精神压抑"的情况都是不可预测的，某些微小的事件可能会引发压抑已久的伤痛情绪，进而像火山一样猛烈爆发。

当谈到失落和丧亲的情绪时，我们有时可能会因一些小事情（例如气味或歌曲）而引发不可预测的情绪流露。在丧亲和失去亲人的时候，我们的情绪是最为脆弱且不可预测的。

情绪不是现实

情绪是如此强大，并且是我们的一部分，以至于我们可能会认为它们是真实的。虽然情绪可能让我们感觉真实并且

第 9 章
让我们痛苦的不是死亡本身，而是与之相关的情绪感受

可能威胁到我们，但它们只存在于我们的脑海中，我们对它们还是有控制力的。通常，我们会在凌晨时分被非理性的想法和情绪所困扰，它们不是真实的。我们需要将这些情绪带到阳光下，带入理性的光芒中。在掌握所有事实并能基于现实而非单纯的情绪做出决策之前，不要对情绪做出反应。

我们可以控制自己的情绪

从我们出生的那一刻起，我们就被教导要控制好自己的情绪。如果不这样做，我们可能会变得像野兽一样，充满动物本能，而能够控制情绪正是使我们走向文明的标志之一。控制情绪的概念植根于文化，但无论如何，我们都学会了不表现得像一个发脾气的两岁小孩。

我们不必成为情绪的奴隶，但可以学会回避那些不受欢迎的情绪——我们不必拥抱每一种情绪。

情绪会导致疼痛

作为缓和治疗培训的一部分，我有幸参加了伊洛拉·芬利（Ilora Finlay）教授的讲座。她谈到了"彻底的痛苦"的概念，包括身体、情绪和精神上的痛苦。情绪上的痛苦是真实存在的，而且可能是难以忍受的。

她回忆起她的一个患者的故事，当时这名患者感到无法

控制的疼痛，无论尝试什么都似乎无济于事。患者要么因为止痛药而昏昏欲睡，要么因痛苦而哭喊。患者所承受的痛苦是显而易见的。在参加完伦敦的一次正式活动回家的路上，仍然穿着晚礼服的芬利教授决定去探望一下这位患者。她和这位患者单独坐在黑暗的房间里，随着时间的推移，她意识到这位女士承受的不是身体上的痛苦，而是精神上的痛苦。患者对死亡和离开孩子的想法让她难以承受。解决办法不是使用更多的吗啡，而是处理这种情绪上的痛苦。突破在于识别情绪痛苦并给予适当的治疗。

情绪可以被触发

如果你想看到我心情不好，只需把我放在机场或排队等候的地方。我不知道为什么这些事情会触发我不好的情绪，但是它们确实能触发我的情绪。当我在排队时，我能够意识到我的行为是不理智的，并且我必须克服排队时感受到的沮丧感。

我知道什么会让我烦恼，因此我可以调整自己的行为。那你呢？是什么让你感到恼火？是因为牛奶没放进冰箱里，还是马桶盖没有盖好，或者有人约会迟到？感到沮丧并没有错，但让沮丧情绪蔓延就是没有必要的。你完全可以预见这些情绪的到来，那么在被环境触发的那一瞬间，为什么不采取一些措施来避免呢？

第 9 章
让我们痛苦的不是死亡本身,而是与之相关的情绪感受

情绪是可以命名的

把情绪模糊化,把它们仅仅视为感觉是很容易的,如果我们想要处理我们的情绪,就必须诚实地给它们命名。像"我感到生气"这样的模糊概念需要被接受,并简化为"我很生气"或"我生气了"。

一旦我们承认并接受了这种情绪,就可以应对它。在临终的过程中,有许多情绪需要被我们纳入考虑的范围,其中包括恐惧、内疚、生气、抑郁、讨价还价、希望、平静和爱。当我们为这些情绪命名时,它们会变得真实;而当我们这样做时,就能够识别出每种情绪的本质与非本质。

接下来,就让我们从恐惧开始吧。

第 10 章

生命尽头旅程中的恐惧、焦虑和担忧

走出人间，走出时间
以终为始的生死观

我经常听到有人说自己不怕死，我不禁在想，他们要么是不了解死亡，要么就是在撒谎。当谈到死亡时，有许许多多的不确定性和未知数。即使生活是一种难以忍受的负担，当我们面临死亡时，也总会存在一种不确定性，因为我们从未经历过这一过程。如果我错了怎么办？如果它与我想象的不同怎么办？如果我遗漏了什么怎么办？

回想一下你第一天上学、第一次坐过山车或第一天上班的情景，你可能会记得你自己口干舌燥、手心出汗、频频打哈欠的样子，以及内心产生的恐惧感和心悸，恨不得自己马上逃离此处的感觉。回想起来，我当时是花了比平常更久的时间才从车里下来，走进新的办公环境。恐惧并不是我们总会有的情绪，但它是一种常见的情绪。

关于恐惧，一般有三种不同的形式，而我们常常无法将它们区分开来，从而无法辨别其好坏。有一种良好的恐惧，它让我们更强大，并能保护我们免受伤害，使我们可以活着。从基本的心理层面来看，这种保护性恐惧是对直接威胁的一种反应。当我们直接受到威胁时，我们的生理反应会释放大量的肾上腺素，这种激素会让我们做好行动的准备。我们的

第 10 章
生命尽头旅程中的恐惧、焦虑和担忧

心跳加快且更有力，瞳孔放大以吸收更多光线，听觉敏感度提高，肌肉的紧张度增加。血液被迫从我们的肠道和"惰性"器官流向肌肉，以便它们能做好行动的准备。我们对疼痛的敏感度降低，我们深呼吸以获取更多氧气，我们准备逃离危险区。

正是这种肾上腺素的激增，使我们能够抬起汽车和直升机，跳过高高的栅栏或以超乎想象的速度狂奔。这种对直接威胁的恐惧反应，是我们在遇到麻烦时意想不到的朋友——它不止一次拯救了我们。尽管它具有爆炸性，但并不一定令人痛苦，而且在小剂量的情况下，这种肾上腺素的激增可能会很有趣。

我们从这种反应中得到的快感，正是我们会做出鲁莽和危险的事情的原因，例如蹦极、公开演讲或骑马。如果你像我一样喜欢骑马，你会发现这往往是一场充满肾上腺素的冒险——对骑手和马来说都是如此，因为我们各自都试图朝不同的方向逃跑。这种"良性恐惧"具有娱乐价值，它很有趣，尤其是对于旁观者来说。

但是，并非所有的恐惧都是好的，还有两种恐惧类型需要考虑，它们会令人痛苦并给我们带来伤害。这些恐惧与直接威胁无关，而是存在于我们的脑海中，被称为焦虑，以及焦虑的"小弟"——担忧。焦虑和担忧都是对想象中的威胁的正常反应。我们都会经历焦虑和担忧，如果我们把它们控制在笼子里，那无伤大雅。但如果你放任不管，这两种想象中的恐惧可能会造成严重的破坏。

担忧是一种定义不明确的恐惧，与任何具体事物都没有真正的联系。它更多的是对一种未完成的事情的感觉，以及对不确定性的不安感。这种担忧让我们彻夜难眠。这时，我们的大脑试图识别并限制这种不确定性。每个人都会在某个时候担忧临终和死亡，因为两者都存在不确定性。

我们担心的事情可能包括：

- 当我去世时，我会在医院还是在家里？
- 我会突然死在购物中心或电影院吗？
- 我会孤独地死去吗？
- 我的伴侣和孩子会好吗？
- 我的宠物会怎样？
- 谁来卖房子？
- 我的花园会变成什么样子？
- 死后会发生什么？

这些都是合理的、无形的威胁，我们可以通过理性分析、规划的行动、备忘清单以及与可能知道答案的人交谈来应对。尝试帮助大脑抑制不确定性，总会减少我们的担忧。停止考试担忧的最好办法就是学习。不再担忧大门是否锁好的最佳方法就是去检查一下。如果我们对某件事有确切的了解，我

第 10 章
生命尽头旅程中的恐惧、焦虑和担忧

们的担忧就会减少。显然，有些事情无法解决，担忧依然会持续存在。有时我们只能接受这一点，并在接受它的同时，将担忧放在我们以后的待办事项清单上，然后继续做我们现在可以做的事情。

担忧像难闻的气味一样挥之不去，焦虑则与之不同，焦虑可能是一个真正的问题。焦虑存在于我们的头脑中，但它没有任何用处；如果不加以控制，它可能会变得非常有害。焦虑失控的最好例证就是恐惧症。

也许理解恐惧、焦虑和担忧最好的方式就是去观察它们的实际表现。设想你被邀请出海去钓鱼，而你对船是否安全没有信心，对钓鱼也不太了解，那么有几件事肯定会让你不由得担忧起来：你能看到海岸吗？有救生衣吗？最重要的是，船上有足够的食物和饮用水吗？这些都是正常的担忧。当你发现你可以从船上看到岸边，船上装有合身的救生衣，而且每个人都像你一样带了一些食物的时候，这些担忧就消失了。你看，根本没什么可担心的！

当所有的担忧都消失不见，你在船上惬意地享受海钓的美好时光，这时你注意到水面露出一个硕大的鲨鱼鳍。显然，它是被鱼和饵料吸引过来的。当你探身到船边以便更好地观察这条巨大的鲨鱼时，你的朋友却不小心地撞到了你——你一下子就掉进了水里，溅起了水花。

在那一刻，你的战斗或逃跑的生存本能被激活，你大声尖叫："鲨鱼！"几秒钟内，你拼命游到了船边，并重新回到了船上——忽视了一路上的障碍物。在肾上腺素的推动下，你安全了，恐惧发挥了它的作用。害怕水中的大鲨鱼是对真实威胁的合理反应，并引发了让你得以生存的反应。你刚刚体验到了恐惧在人体生存机制中的积极作用。

与这种健康的恐惧相比，如果你患有鲨鱼恐惧症（对鲨鱼异常恐惧或焦虑），会阻止你去船上或任何靠近水的地方。即使没有遇到真实的鲨鱼的威胁，你的焦虑也会阻止你出行和享受乐趣。那些患有鲨鱼恐惧症的人甚至不敢淋浴，因为他们想象着鲨鱼可能会从下水道游上来攻击他们。对于这些恐惧症患者而言，这种恐惧与真实威胁带来的恐惧是一样的。

尽管我们可能对这个极端的例子不屑一顾，但它的确展示了焦虑的危害。焦虑是基于我们想象中存在的恐惧，而不是现实世界中存在的危险。在我们头脑的某个地方，我们可能会找到焦虑的原始触发因素。当我们找出焦虑的根源时，我们通常可以重新控制它。

我们都曾在某个阶段经历过焦虑。你对公开演讲感觉如何？这会让你感到焦虑吗？一想到要在众人面前讲话，你是否会感到口干舌燥、手心冒汗？公开演讲是一种极其普遍的恐惧，但据我所知，没有人因此而死亡。那么关于对蜘蛛或蟑螂的恐惧呢？

焦虑是真实且具体的，尽管它是基于想象的威胁，它非

第 10 章
生命尽头旅程中的恐惧、焦虑和担忧

常强大，会影响人的行为。人们会为了避免恐惧和焦虑而付出极端的努力。比如，爬20层楼梯而不愿乘坐电梯；为了避免公开演讲而故意让自己生病；决定不投简历，这样他们就不必面对面试；等等。

如果放任不管，焦虑可能会加剧，因此认识到不健康焦虑的迹象并在情况看似失控前寻求帮助是非常重要的。如果死亡让你感到害怕，你不停地担心自己死后会变成僵尸，然后回来吃掉自己的儿孙，那显然就有问题了。

当我们剖析自身恐惧的本质时，我们就能认识到它们如何影响我们的生活。告诉自己"我不害怕"并不能真正消除恐惧。我们在生活中都经历过恐惧，无论其形式如何，我们都知道那是一种怎样的感觉。完全没有恐惧是不可能的。真正的问题不是无所畏惧，而是勇敢地面对恐惧。

在生命尽头的这段旅程中，我们需要勇气。勇气只能在恐惧的存在中产生，但它大于恐惧。我们需要勇气去面对那些与死亡相关的不可避免的失落；需要勇气来遏制那些让我们彻夜难眠的狂乱忧虑；需要勇气去完成必须做的事情；最重要的是，我们要鼓足勇气在我们有需要的时候寻求帮助。没有人是没有弱点的，当我们的弱点暴露在外并感到痛苦时，我们都会显得脆弱。

认识到我们都是脆弱的，并承认这也包括自己在内，这是向前迈出的一大步，因为这减轻了我们的压力。我们不必

成为超级英雄,我们可以害怕,而一旦我们认识到自己害怕,就获得了鼓起勇气的机会。

  有时我们都需要一点帮助。稍后我们将会谈到情绪责任,但现在,如果你被恐惧和焦虑所淹没,那请相信隧道的尽头是有光明的。不要独自苦撑,去寻求帮助。敞开心扉去表达我们的恐惧和情绪,只会让我们变得更强大,而不是更脆弱。打开那盏灯需要勇气。

第 11 章

即将告别世间的一切,
我们的悲伤逆流成河

走出人间，走出时间
以终为始的生死观

心理学家伊丽莎白·库伯勒-罗斯（Elizabeth Kübler-Ross）在她 1969 年出版的颇具开创性的著作《论死亡与临终》（*On Death and Dying*）中说道："要允许我们谈论死亡和临终以及随之而来的情绪和感受。"在此之前，死亡和临终关怀一直被视为禁忌话题。

她向我们展示了，在临终时，患者可能会因失落而经历一系列情绪。死亡是终极的失去，其带来的情感释放程度取决于失去的程度。如果被问及，我认为大多数人会将失去和悲伤理解为有人在呜咽或哭泣，或许是无法得到安慰的，但这仅仅是这些情感的一个方面。

悲伤并不只是单一的情感，它是人们对失去的回应。悲伤是不断变化的复杂情绪的集合，就像一条顺流而下的河流。在通往海边宁静的潟湖①的途中，通常有着急流和致命的瀑布。了解到悲伤是动态的和不断变化的，就能让我们去适应并跟上其节奏。伊丽莎白·库伯勒-罗斯描述了应对失去的五

---

① 潟湖是海岸地带由堤岛或沙嘴与外海隔开的平静浅海水域，具有多种功能。它为沿岸的港口建设和航运提供了良好的条件，同时也是天然养殖场，可以开发为旅游区和水上运动基地。——编者注

第 11 章
即将告别世间的一切，我们的悲伤逆流成河

个情绪反应阶段，分别是震惊和否认、愤怒、抑郁、讨价还价，最后是接受。

面对失去的情感反应可能千差万别，人们不一定会经历所有这些情绪，它们也不一定都是按顺序出现的。有些人可能对失去产生完全不同的情绪反应。这些情绪不像一把有 A 点和 B 点的尺子那样是线性的，它们更像一个缠绕的线球，带有许多交织点和向前向后的回环。这些情绪可能反反复复，与所有情绪一样，这个过程可能是混乱的。尽管伊丽莎白·库布勒-罗斯的悲伤阶段模型存在已被认可的缺陷，但它仍然是识别对失去正常反应的良好起点，并帮助我们理解并感受到失去是完全正常的。

这些悲伤的情绪不仅限于与死亡相关的失去。它们也可能是任何失去的一部分，例如失去一段关系、失去晋升的机会，或者当你最喜欢的球队在决赛中失利的时候。

我们都经历过失去，当它发生时，我们可能会认出自己的情绪反应。如果不确定，想想小露西的例子：她是一个两岁的孩子，和妈妈一起去购物。她想现在就吃冰淇淋，但她的要求被妈妈拒绝了："不行！"她的第一反应是难以置信和震惊。她不敢相信自己的请求被拒绝了。这个震惊阶段持续的时间并不长，几乎立刻被愤怒所取代。小露西瘫倒在地，大发脾气，在地上又踢又叫。这并不能让她得到冰淇淋，于是她陷入了沮丧，开始泣不成声，持续了几分钟；接着，她

意识到这也无济于事,然后她开始讨价还价,要求买一根棒棒糖代替冰淇淋。

在她的要求都被拒绝后,她不得不接受自己不会得到冰淇淋这一事实。购物之旅继续平静地进行,直到下一个购物通道,她看到一个柔软的毛绒兔子,又萌生了新的欲望。此刻,我们已经知道接下来的故事会怎样发展。带着两岁的孩子购物简直是一种冒险,需要大师级的心理技巧才能应对。

如果回想一下你生命中经历的失去,你将体会到怎样的情绪?如果我们愿意留意,这些情绪的确存在。还记得你去年遭遇的那次爆胎吗?你可能会因为发现轮胎瘪了而感到震惊,懊恼地踢了轮胎,愤怒地换上备胎,并整天为此感到沮丧,又不得不继续前行。或者,如果你想到你失之交臂的一次晋升机会——震惊、愤怒,然后是讨价还价(即使只是在你的脑海里),接着是对其他工作的憧憬,最后接受了失去并继续前行。这些情绪我都有切身体会。失去并不好受,而这些情绪的强烈程度往往超出了我们的预期。

在我们经历与绝症相关的失去时,所有这些情绪很可能全部出现,所经历的情绪强度甚至可能像两岁孩子发脾气一样不受节制。这些情绪感受是非常真实的,它们可能会在毫无警示的情况下发生变化。如果我们处理不当,它们可能会造成伤害。意识到情绪并知道这实属正常,能够使我们在它们失控并造成伤害之前对其进行管理。

第 11 章
即将告别世间的一切，我们的悲伤逆流成河

在我的工作中，我常常需要安静地坐着，陪伴那些因听到无法治愈的癌症诊断和有限的预后而崩溃的患者或其亲属。他们震惊过后，随之而来的是麻木。根据我的经验，他们就好像突然进入了"隧道视野"，而且不仅仅是视觉，似乎所有的感官都受到了影响。我曾在开车送儿子上学的路上，收到了姐夫被诊断出患有胰腺癌晚期的消息。震惊之余，我并没有意识到自己的车速有多快，直到被警察拦下。我甚至无法为自己充分辩护，只能含糊地道歉，最后带着罚单和几分扣分开车离去。

我们建议并培训我们的员工，不要对处在失落、愤怒阶段的患者及其家属进行反驳。我们知道他们感到愤怒的可能性很高，因此要给他们留有空间去发泄情绪；我们也明白有些人会感到悲伤和沮丧，因此要允许他们体验这种正常的失落情绪，并自己逐渐走出情绪阴影。如果出现正常的情绪反应，那我们并不总是需要干预。我们稍后会讨论愤怒和抑郁，因为它们也非常重要。

讨价还价意味着希望以一物来换取另一物。在这一阶段，经历失落的人试图寻找一种替代的"真相"，或者至少是从损失中得到短暂的缓解。他们常常会为了一点小小的胜利而不惜一切代价。

当悲伤进入讨价还价阶段时，成为"受益者"其实是一种特别的体验。在我们科室，这个时候，患者会给我们带来巧克力和鲜花等礼物，寄希望于我们能够改善他们的情况。或许，我们可以让他们活得更久？或许他们会对我们好一些，我们可以让癌症远离他们，或者我们会给他们更好的治疗？谁能抗拒一次好的"交易"呢？

- 如果治不好的话，也许我还能再活 24 个月？
- 如果我为肿瘤科烘烤饼干，也许他们会对我更好，我会活得更久？

谢弗夫人是一位令人难忘的患者，因为她被诊断出患有无法治愈的乳腺癌四期，于是她找了沿海地区所有的肿瘤科医生并与他们讨价还价，给这些肿瘤医生带来了极大的好处。虽然她的生命还未接近终点，但已经没有治愈的希望了。在这种情况下，她带着礼物和亲切的话语去看肿瘤医生，丝毫不吝惜花费。对喜欢威士忌的医生，她会送上顶级佳酿。

当她来看我时也带着礼物，她是来寻求第二诊断意见的，而我成为她求医过程中咨询的一长串肿瘤专家名单上排在第二位的医生。她告诉我，她以前的肿瘤科医生有多么糟糕，以及她如何完全信任我。她的极力奉承让我感觉自己很成功、很有成就感——对一位年轻且缺乏经验的肿瘤学家来说，这种恭维无疑是受欢迎的。

我尽力为她治疗，但与她看过的所有其他医生一样，我无法为她提供她想要的治愈方案，于是，她抛弃了我。后来

第 11 章
即将告别世间的一切,我们的悲伤逆流成河

我从一位肿瘤科医生好友那里得知,她也带着礼物去找了他,告诉他我是一个多么糟糕的肿瘤科医生,同时也确保充分地满足了她的自尊心,她同样得到了我这位医生朋友很好的抚慰,但他也无法治愈她,所以他很快成了她身后众多被抛弃的肿瘤科医生之一。

对于那些经历失落的人来说,讨价还价阶段是最危险的。在他们看来,任何一点"胜利"都是值得的。在这一阶段,很多"伪装关怀"的骗子就会趁机获利,他们也在所不惜。在这里,那些未曾尝试的"治疗方法"变得极具吸引力,人们愿意为那些无法兑现的承诺支付巨额财富。

- 抱歉,墨西哥卓越中心的光动力疗法无法治愈你女儿的第四期癌症。
- 抱歉,如果你的时间到了,德国的磁疗并不能挽救你的生命!

讨价还价和否认之间的界限有时似乎很模糊。否认没有失败的余地,但讨价还价则相反,还有获胜的希望。讨价还价是在逆境中怀有希望。如果你的球队在比赛结束前五分钟仍以 0 比 4 落后,讨价还价会让你相信比赛还没有结束。尽管赢得胜利的机会微乎其微,但也许会出现奇迹!

终于,哨声响起,比赛结果已定,比分不会改变。比赛结束了,再也没有赢的机会了。是时候接受你的球队已经失

利，并面对现实。这不一定是一个令人沮丧或悲伤的时刻。相反，这是一个美好的时刻，因为你不再翘首以盼那些不可能实现的事情了。现在，你可以重新开始自己的生活了！

失去的最后一个阶段是接受。黑夜过去，太阳升起，迎来新的机会。这是你重新找回生活的时候，即使这段生活可能很短暂。在这里，你获得了继续前行的勇气，并去做你想做的事情，而不是被疾病、健康问题、医院和医生所左右。一旦你接受了与死亡和临终相关的失去，它就不会再伤害你了。你可能会经历身体症状带来的不便、正常的情绪起伏以及持续不断的问题，但在这个阶段，你可以选择如何度过余生。

了解并识别失去的各个阶段，能够使我们对损害进行控制。问题在于，我们常常只关注即将离世的人，却忘了环顾四周——他们的配偶、朋友、家人、子女和孙辈也可能都会感到失落，有时这种失落甚至比临终者所经历的还要深重。旁观者也可能会感到震惊、愤怒和沮丧。他们推着讨价还价的"独轮车"，并坚持通过不确定的途径来寻找未经验证的治疗方法。

我希望我们最终都能达到接受的阶段，但这对于某些人来说是一种不切实际且不公平的期望。并不是所有人都能顺利过渡到下一个阶段，也并非每个人都会经历所有（或任何）这些情绪。人们面对失落的反应方式往往和他们过去应对其他人生失落的方式类似。有人可能用幽默面对,也有人可能会直接接受事实,直面事实,并继续生活。

在悲伤面前,并没有对错之分,唯一重要的是认识到它的存在并给予其时间去化解。悲伤的人并不总是需要咨询、拥抱或"你还好吗"的安慰。有时他们需要的只是空间和时间,或许在恰当的时候来上一杯茶。

第 12 章

即将告别世间的一切，我们的不甘与愤怒

走出人间，走出时间
以终为始的生死观

愤怒是一种极其强烈的情绪。如果你想引起注意并得到你想要的东西，发怒是个非常有效的方法。这是我们从小就学会的事情。除非我们被教导要文明和善良，否则我们的愤怒既可以成为一种强大的武器，也可以成为一种无所顾忌的手段。

幸运的是，愤怒在社会上是不受欢迎的，否则我们每个人可能会一直摔门、拍桌子、骂脏话。我们不容忍愤怒——它让我们感到不舒服。

作为旁观者，我们对于愤怒的反应，要么是避之唯恐不及，要么是以其人之道还治其人之身。我们通常不会停下来审视这种爆炸性和破坏性的情绪。当我们这样做时，最好谨慎并保持一定距离。

愤怒可以通过多种方式表现出来。

第一种愤怒是自发的、暴发性的，如路怒事件中所见到的那种。如果你感到无聊且无事可做，可以在 YouTube 上搜索"路怒症"。在某些错误的情境下，那些吃玉米片、有孩子、有高薪工作的完全正常的人，也会失去理智而成为怪物，

第12章
即将告别世间的一切,我们的不甘与愤怒

他们会做出一些自己永远不会计划或想到的事情。

是什么触发了这种行为?愤怒的诱因有很多。期待破灭可能会导致失落,而愤怒则是我们在接受这种失落时不得不承受的强烈情绪之一。其他造成愤怒的原因可能包括开会迟到、交通堵塞、不知道测验的答案,或者在紧急需要打电话与某人联系时被迫听一段很长时间的录音留言。

我们生气时的行为常常令人感到遗憾。我们可能会称某人为"老顽固"或用拳头捶打墙壁,或者在家时伤害最爱之人的感情。有时,我们的确对那些无法解决的问题无可奈何。学会接受现实,认识到交通就是拥堵,考试的确很难,给政府部门打电话可以等一等,我们就不需要用愤怒作为回应。愤怒会改变无法解决的局面或是让它变得更好吗?当然不会,愤怒除了发泄情绪之外没有任何作用。愤怒是释放压力的重要"阀门",但愤怒很少能解决问题。

第二种愤怒不仅仅是对深度挫败感的表达,还演变为一种行为选择。有些人将愤怒视为一种工具,他们知道,愤怒能带来结果,而且确实有效。如果你在任何场合都愤怒且恶言相向,在任何情况下都对工作人员大喊大叫,大多数情况下,他们很可能会迅速回应,满足你的要求,因为没有人愿意与愤怒的人纠缠。

愤怒的人总能引人注意,虽然他们交不到任何朋友,但他们的声音确实被听到了。通常,制造一些噪声,并成为那

个令人烦恼的人，往往不失为一种有效的策略。在繁忙时段，大声抱怨排队时间太长的人，往往能在一群等待的人中被提前安排就诊，而温和、耐心等待并彬彬有礼的年长者总是会排在后面。当你利用愤怒来谋取利益时，就是对他人的不公平。

我们都经历过那种强烈的愤怒：喊叫、咒骂、摔门、捶墙。这种愤怒会让周围的人感到威胁，除非你准备好打一架并愿意表现出一些攻击性，否则我们大多数人都会让步，给愤怒的人让路。如果你需要挡在他们的路上，那么你需要勇敢（或愚蠢），而且你这样做，通常也是出于愤怒。识别暴发性愤怒的迹象很容易，我们只需避开并寻找庇护所来保护自己。

然而，愤怒并不总是炽热且具有爆炸性的。当它以冷酷的方式表现时，同样具有破坏性。

第三种愤怒虽然没有明显表现出来，却让人清晰地感觉到。在这种情况下，情感没有明确的展示，而是对任何妨碍事物的不满表现出冰冷的反应。它是一个沉默的刺客，目标是复仇并造成痛苦。这是一种冷漠的态度，或对轻微过失采取的冷处理。与暴发性愤怒不同，它可以持续下去，直到报复的需求得到完全满足：

- 这是那个说着"好的，亲爱的"的人，你心里明白这预示着麻烦的来临，必须立刻道歉；

第 12 章
即将告别世间的一切，我们的不甘与愤怒

- 这是那个对你微笑的同时会投诉你的人；
- 这是那个以拥抱问候你，却在你背后捅刀子的人。

我很想说这不是我，说我不会生气，说我不会爆发，说我不要求事事顺自己的意，说我不是一个冷漠的愤怒者，但这并不真实。在适当的情况下，我可以变得非常愤怒。

愤怒是一种正常的情绪反应。我们都有过愤怒的时刻，无论以何种方式。没有一种完美的禅静状态，让我们可以随时关闭自己的情感。是什么触发了你的愤怒？

- 看到孩子被虐待？
- 看到动物被虐待？
- 遭遇职场霸凌？
- 生病了却无能为力？
- 不得不支付医药费？
- 餐厅的服务没有达到你的预期？

并非所有的愤怒都是坏事，愤怒也并不总是错误的。有时我们确实需要生气，并将愤怒转化为伸张正义的行动。看到孩子被霸凌或在工作中被欺负，需要通过愤怒来促使人们制止这些行为；所爱的人被拒绝提供医疗服务需要一种不放弃的愤怒，直到他们得到应有的帮助为止；平庸和懈怠需要受到愤怒的对待，从而激励人们改变，确保不再重蹈覆辙。

然而，重要的是停下来思考后果。愤怒是否能够达到任何目标，或者让事情变得更好？如果你对医生发怒并且处理得很糟糕，这会不会影响到未来的治疗？很可能会！

我们并不总能弥补自己在愤怒中造成的伤害。愤怒和谋杀是一回事，但有时，用愤怒的言辞所造成的微妙伤害，却可能造成最大的痛苦：

- 你太愚蠢了！
- 你说的话简直愚不可及！
- 我真希望我从未遇见过你！
- 你当然可以开心快乐，因为快死的人又不是你。
- 我一走，你可能就会另觅新欢。
- 你并不真正关心我，你巴不得我早点死！
- 我真希望你干脆结束这一切，快点死吧！
- 我真希望你也得和我一样的癌症。

因为我们在愤怒时可能会伤害别人，所以有必要制定一个冷静下来的策略。"愤怒意识"是一项很好的技能。冲动的决定永远不会是最好的，所以应该推迟做决定，直到愤怒平息。情绪总会过去。冷漠的愤怒需要不同的策略——恩典和宽恕。对某人永远心怀怨恨没有任何好处，因为"永远"是一个非常漫长的时间。

如果愤怒导致你的人际关系出现问题，请考虑采取一些愤怒管理策略。如有必要，请寻求专业帮助。想办法让"导火线"在爆发之前燃烧得更久一些，尽量避免可能引发冲突的情境，并尽可能保持宽容。我们都会犯错，如果你受到了不公正的对待，请放下它。握着愤怒的炽热炭火一直不放，实在不值得。一旦那个时刻过去，继续维持冷漠的愤怒也没有意义。放手吧，继续前行，这不是为了冒犯你的人，而是为了你自己。

第13章

即将告别世间的一切，我们的脆弱与抑郁

抑郁和悲伤是伴随失去而来的情绪。我们都在某个阶段经历过这种对失去的反应。这也许是祖父母或父母的去世，也许是宠物的死亡，或一段关系的结束，甚至就业机会的丧失。无论失去的性质如何，伴随着悲伤或抑郁的情绪反应而来的往往是泪水。在我成长的那个时代，流泪常常被认为是软弱的表现，我们被告知"男儿有泪不轻弹"。但泪水预示着我们的脆弱和受到的伤害，因此我们需要谈论泪水及其所代表的意义。

我们哭泣的原因有很多种，从切洋葱到体验与美相关的各种强烈情感，或者作为对爱、沮丧、愤怒、悲伤或失落的反应。泪水也是我们脆弱的信号，反映了我们内心的感受。高大魁梧的男人会在女儿的婚礼上哭泣，而有些人则根本不会。

从生理上来说，哭泣并没有什么明显的好处，那么我们为什么会哭呢？人们曾经认为眼泪源自心脏，但我们现在知道事实并非如此，至少从生理角度来看是这样的。眼泪来自每只眼睛上外侧的泪腺，它们沿着泪管流动，在流入鼻子之前润滑眼睛，这就是为什么我们哭泣时会流鼻涕，为什么当

第 13 章
即将告别世间的一切，我们的脆弱与抑郁

我们抽泣时，泪水、鼻涕和纸巾混在一起，一片狼藉。

17世纪，人们相信强烈的情感，尤其是爱，会加热心脏，产生"心蒸汽"，上升到头部并以眼泪的形式释放出来。我认为他们说的有一定道理。那人们流泪的感觉到底从何而来呢？我认为它们确实来自内心，这也是我们情感的中心。神经科学告诉我们，情感是大脑中的化学信号，但那些最近哭过的人知道，它们来自内心——我们哭泣时会感到心痛，也正是这种苦楚让我们流泪。

你上一次哭是什么时候？是被强烈的情感所触发的吗？你哭的时候感觉如何？这种感觉是在你的心里还是在你的脑海里？无论眼泪的原因、性质或目的如何，它们都是一种很好的情感释放。从长远来看，它们对我们是有好处的。

在临终时，我们感受到的失去是如此巨大，以至于有很多理由让我们哭泣。我们不得不向许多我们珍视的事物道别、放手。我们要告别自己、告别生活、告别那些定义我们的东西、告别我们的事业，以及那些赋予我们意义的事物。我们要向我们所深深爱着的人告别：配偶、子女、孙子女、终生的朋友，甚至对某些人来说，向心爱的狗或猫告别是难以忍受的。

在临终时，我们必须告别这个世界上的一切事物，告别我们热爱和喜欢做的事，包括：亲人的拥抱，与儿孙在一起的时刻，在海滩上散步，呼唤狗狗去捡球，烘焙的香味，无

花果酱的味道。而这一切终将走向尽头。我们的心在痛苦，我们有权流泪。

当我们独处时，我们可能会在私人空间里哭泣；我们可能会因记忆、气味或声音而意外地哭泣；我们可能会在凌晨躺在床上轻声哭泣；我们可能会在彼此的怀里哭泣。这些都是悲伤的表现。

悲伤是一种正常的情感反应，它本质上是令人不愉快的，而且是不可预测的。当我们有正常的想法和感受时，悲伤会突然打断正常的生活节奏。它可能会在我们还沉浸在幸福时刻的时候，出其不意地到来。悲伤会悄悄来临，并可能像到来时那样迅速离去。这正是关键所在。与抑郁不同的是，悲伤来去匆匆，持续时间不会太久，它不需要干预。感到悲伤是正常的，化解悲伤需要时间，在我们当前和未来的失去中逐渐化解。

当悲伤持续存在，且再也没有快乐的日子可言时，问题就会出现。当这种情况发生时，我们可能正在面对抑郁，这是一段艰难的旅程。要符合抑郁的定义，一个人必须感到抑郁超过两周。他们的抑郁情绪必须影响到他们在社会中的功能，而这些情绪不能与疾病或药物有关联。

抑郁症的诊断标准与临终的人所表现出的症状非常相似，这使得抑郁症的诊断变得困难。通常，疾病、疼痛和吗啡常常使患者感到沮丧。在这种复杂的情况下，想要分析抑郁症

第13章
即将告别世间的一切，我们的脆弱与抑郁

的诊断是很困难的。

抑郁症的特点是情绪低落或对活动或娱乐提不起兴趣。这是一种令人绝望的状态，在这种状态下，悲伤归咎于外因，而抑郁则归咎于自我。在抑郁状态下，常常伴随无价值感和低自尊。

难道我们每个人在某个时刻都会感到如此悲伤，以至于无法做任何事情，只能坐在房间里虚度数小时或一两天吗？当这种感觉持续数日，而没有快乐或幸福，甚至没有对幸福的期待时，就应该去看医生寻求帮助了。抑郁是一种无法独自承受的沉重负担。

当我们定义死亡时，我们说死亡是对刺激不再有反应。同样，抑郁症是一种"情感死亡"，对情绪刺激的反应越来越少，直到完全没有反应。如果你或你认识的人在情感上濒临崩溃，请寻求帮助。

我们的情绪会变化，悲伤的情绪也会来来去去。感到悲伤是可以的，认识到情绪是对失去的正常反应很重要，因为这能够让我们感受并克服它们。意识到他人或自己的抑郁症可以让我们去寻求帮助，而我们每个人都有需要帮助的时候。

然而，并不是每一滴泪水都需要纸巾，也不是每一个孤独的时刻都需要被拯救，哀悼死亡的到来是正常的。你不必非得"振作起来"，对于抑郁者或正在经历悲伤的人给予的解

决方案（比如，你可以花一些时间在股票上），我会把它们通通当作烂番茄一样扔掉。

正是在这个流泪的时刻，我们需要承认我们是脆弱的。表达我们的悲伤是件好事，宣泄出来也是件好事。眼泪让我们成为真正的人。

第14章

即将告别世间的一切，我们的遗憾与内疚

走出人间，走出时间
以终为始的生死观

如果能拥有一台时光机回到过去，那是不是很棒？如果能够重温我们生活中的一些美好时刻——那些我们希望能够无尽延续的时刻，将会多么美妙啊！比如我们的初吻，或者我们从学校毕业再也回不去的时候，或者我们的子女或孙子女出生的时候。美好的回忆太多了，时光总会带我们重回那些奇妙而美好的时刻。但如果真的那样的话，我们可能就没有时间做其他事情了。

我们的过去并不都是美好的。我们的生活中发生了一些让我们后悔的事情。如果我们能进入时光机，相信我们中的许多人都会把自己带回事情被搞砸的那一刻。我们会抓住错失的机会，会收回伤人的话，以及避免做出不可原谅的行为。但是，现实中这个美妙的时光机并不存在，我们依然会陷入这些糟糕的决定和行动中。

虽然在喧嚣的日常生活中，错误的决定可能不会困扰我们，但当我们有太多时间思考并意识到不会有第二次机会时，它们可能会成为一个问题。当生命即将结束时，许多人在遗憾和内疚中挣扎。这些遗憾和内疚是两种截然不同的情绪，需要我们从正确的角度去看待，因为在临终时，它们不应该被纳入邀请名单。

遗憾的情绪

遗憾是与悲伤或失望相关的失败感。我们在生活中都或多或少地失败过,虽然我们都有遗憾,但并非所有的遗憾都是有效的。有些遗憾可能是短暂的,例如,"我希望我没有吃第三份甜点"或"我希望我真的拥有一份甜点"。其他失败可能会伴随我们的一生。没有人是完美的,生活中失败和遗憾的机会是无穷无尽的。

有时,我们会为生活对我们所做的事情感到遗憾。事情并不总是按照我们想象的方式发展,这会让我们感觉自己受到了欺骗,尤其是当我们意识到我们的梦想永远不会实现时。然而,其中的某些遗憾不应该被视为遗憾,因为它们是我们无法掌控的,就像有一只看不见的手伸出来,阻止我们达成那些想要实现的目标,从而使得我们的生活变得与想象中的大相径庭:

- 也许你从未通过医疗培训计划,导致你无法成为一名医生;
- 也许你从来没有达到过成为一名警察的标准;
- 也许你没有嫁给自己的梦中情人;
- 也许你想成为一名农场主的愿望从未实现过;

- 也许你无法成为百万富翁。

让我们始终不明白的是，尽管我们尝试了无数次，为什么我们总是无法得偿所愿！

我们也始终看不清事情的全貌。如果可以的话，我们可能会惊讶地发现，当一名医生并不是有史以来最伟大的工作；警察会受伤；你的梦中情人竟是一个虐待狂精神病患者；农场遭受史无前例的干旱；百万澳元对你来说远远不够，因为你想要 10 个亿！

回首往事，思考那些错过的机会，以及未来之路短暂且充满不确定性时，可能会发生什么事。这是一种非常"诱人"的自我伤害方式。如果由于你无法控制的原因而导致你的生活没有按照你的预期发展，你该如何承担责任？如果你仍然坚持过去的梦想，而这些梦想永远只能是梦想，倒不如及时放手吧。

内疚

我们可以处理大多数的情绪，并且可以控制它们，但内疚是一种控制我们的情绪。我们越是试图弥补内疚，事情就会变得越糟，这是一个喜欢潜伏在黑暗中的阴暗角色。一旦暴露在光下，它就会消失。

第 14 章
即将告别世间的一切，我们的遗憾与内疚

与遗憾不同的是，遗憾和错误行为无关，但是内疚则是由错误行为产生的。内疚是一种因做错事而感到后悔或羞愧的感觉。如果我们没有意识到自己的冒失或不在乎，或者如果我们不认为自己做错了什么，我们就不会感到内疚。只有当我们做错事或相信自己做错事时，我们才会感到内疚。

内疚很明显，最终会被所有人知道。我的妈妈，（我相信你的妈妈也一样）知道我什么时候做错了事：可能是当我偷了邻居的橘子时；当我没有做作业时；或者当我撒谎时。她到底是怎么知道的？这是因为内疚改变了我们的行为。当我们感到内疚时，我们的行为可能会有以下的改变。

- 过度补偿：我们过于努力地想把一切都做好；
- 对做错事的过度敏感和防御行为；
- 否认：自我合理化并假装一切正常；
- 对犯错的人施加持续的惩罚。

当我们做错事时，我们会极力通过改变行为去掩盖错误。我们可能认为我们能成功地掩盖过去，但这只能是掩耳盗铃。没有人能一直表现得如此完美，没有人能一直防御，也没有人能对一切事情都如此理性，更没有人应该如此急于施以惩罚。我们的反常行为很快会引起人们的注意，以至于我们的父母和其他关注我们的人知道，我们对某些事情感到内疚。

这些反常行为对正常关系来说无疑是一种障碍。它们妨

碍了我们，绊倒了我们。我们不想感到内疚，但这不是我们可以控制的情绪，它就在那里。

内疚有两种类型，区分它们很重要。第一种是当我们认为或相信我们已经做了（或正在做）错误的事情，但实际上我们并没有做错。面临死亡就是这样一种典型的现象。那些要继续活下去的人会对他人的死亡感到内疚，这会改变他们的行为。他们因为无法解决别人的死亡问题而感到内疚。同时，他们也为自己的好运而感到内疚：

- 我还会在这里享受生活，但哈利却不能了；
- 唐娜没有戒烟是我的错；
- 我太累了，真希望这一切快点结束；
- 玛丽快要死了，她就要看不到孙子们了，但我却能；
- 我希望大卫死去，我实在无法再忍受下去了；
- 应该是我死，而不是罗丝。

类似的内疚也可能发生在那些临终的人身上。他们觉得自己在死亡时做错了事，并且可能会因为自己无法履行自己的职责而感到内疚。他们可能认为自己的死亡及其后果是自私的行为：

- 我再也无法修剪草坪了；
- 谁来照顾安妮；

第 14 章
即将告别世间的一切，我们的遗憾与内疚

- 我将无法参加董事会；
- 我无法参加苏菲的婚礼了。

对于双方来说，内疚都是不必要的，因为没有人做错任何事。除非你是神，拥有掌控生死的力量，否则你对凡人的事是无能为力的。如果生命即将结束，那并不是你的错，死亡本身并没有错。这是我们所有人都必须经历的旅程，如果你认为死亡是邪恶的，那么请再想一想。这种内疚是一种谎言，最简单的解决办法就是大胆地去谈论它，把它暴露在光天化日之下。不要为你没有做过的事情承担责任，不要接受内疚，无论是谁强加给你的，无论它的包装看起来有多么吸引人。因为没有做错的事而遭受指责，对你来说是不公平的。如果你有负罪感，而它不合事实，就请不要让它成为你的负担。

第二种类型的内疚的确是合适的，它缘于的确做了（或正在做）错事，这种内疚感与我们在生活中犯下的错误有关。那我们可以修正它吗？当然可以。

首先要做的就是停止做错事，然后是承认错误，这是对我们不想暴露的错误行为做出的反应。当你被逮捕时，你不再感到内疚——你就是有罪的。对于许多人来说，这带来了一种如释重负的感觉。詹姆斯·彭尼贝克在《敞开心扉》一书中解释说，坦白是健康的。我们不可能去更正生活中所有的错误，但当我们把错误的行为坦露出来，就可以摆脱内疚

的束缚。

但这样做也需要智慧，如果你的坦白弊大于利，就不要公开坦白。比如，苏茜和她的家人过着幸福美满的生活，并不知道你是她的亲生父亲这一事实，那么最好不要告诉她真相；如果陈年旧事已经无法挽回，就不要告诉你的妻子30年前与秘书的秘密恋情。并非所有的错误都需要在众人面前曝光或修正。你要明智地认识到，时间可能已经治愈了你过去所犯错误的伤口，公开事实只会伤害他人，于事无补，无法帮到任何人。有时处理一件事，并不需要说什么或做什么。

如果你感到内疚，第三件要做的事就是寻求宽恕——这是一种额外的选择，但也不是总能得到宽恕，或者根本无法得到受害者的宽恕。"对不起"是一个很有力度的词，如果你不确定，那就请尝试着说出来。有时候，我们唯一需要宽恕的人就是我们自己。

第15章

坦然接受终极的失去,让内心回归平静

走出人间，走出时间
以终为始的生死观

当我们快要死的时候，仿佛一切都开始走向错误。而在其他活动中，例如学习打网球或完善高尔夫挥杆，通过练习，情况会变得更好。然而，在面对死亡时，情况只会适得其反。我们曾经视为理所当然的简单事情，例如下楼梯或开车，会变得无从选择。随着身体的衰竭和越来越多的问题出现，沮丧、不耐烦和愤怒会成为家常便饭，情绪也随之达到顶峰——每个人都被弄得疲惫不堪，每个人都厌倦了这一切。

关于失去的情绪始终都存在，每一次新的失去都有可能让整个情绪循环不断重复。旁观者同样也会感受到失落，他们的情绪都可能随时爆发。我们可以看到情绪的火药桶即将被点燃，因此，我们需要对情绪负起责任并进行风险管理。如果你不想被炸飞，制定一个游戏规则是必须且值得的。我的父亲告诉我，有计划比没有计划好。

以下是一些生存策略，我相信你会找到最适合自己的策略。

第15章
坦然接受终极的失去，让内心回归平静

接受"事情就是如此"

我们都有容易崩溃的临界点，任何比预期差的事情都有可能让你崩溃。疲劳、疼痛、不确定性、经济困难以及充满医疗会诊的生活，都会增加疾病的负担。虽然我们可能在一条战线上的攻击中幸存下来，但如果是每条战线上的多重攻击，只会让我们不知所措。在情绪上感到不知所措并不罕见。

吉姆·柯林斯（Jim Collins）在他所著的《从优秀到卓越》（*Good to Great*）一书中讲述了海军中将詹姆斯·斯托克代尔（James Stockdale）的故事，其中描述了斯托克代尔悖论。1965年9月9日，当时担任指挥官的斯托克代尔在越南战场的敌方控制区被击中，作为战俘，他被关押在被戏称为"河内希尔顿酒店"的战俘营中。在忍受了非人的折磨后，他活了下来。他能熬过来的原因是他愿意面对残酷的现实。他承认，他必须经历考验，而不是绕过它们去逃避现实。

关于死亡，有一些我们必须面对的残酷事实，如果我们想做好充分准备，接受这些现实并妥善处理它们是非常重要的。死亡是我们所有人都必须"经历"的事情，而不是能"绕过去"的事情，知识使这成为可能。莎士比亚在《恺撒大帝》（*Julius Caesar*）中写道：

> 怯懦者在死前已经历千次死亡，而勇者只品尝一次死亡。在我看来，人们恐惧死亡似乎是非常奇怪的，因为死亡是一个

必然的结局，终将到来。

情绪不是现实

在第 10 章，我们讨论了情绪的本质。尽管它们很强大，但它们无法持续。它们并不总是基于现实，如果我们愿意，它们是可以改变的。

也许现在我们可能会感到愤怒，但如果屏住呼吸稍等一下，愤怒可能就会被平息。我们现在可能会感到沮丧、情绪低落，但明天又是新的一天，我们可能会有不同的感觉。一旦知道情绪是可变的，我们就有机会"不搭上糟糕的情绪巴士"，而是让它驶过去，等待下一趟更好的情绪公交车的到来。

有一个游戏规则

当战斗机被击中并坠落时，它有一个"弹射座椅"方便飞行员逃生。众所周知，在危急时刻，不要只是站在原地不动，而要及时避开，要有一条逃生路线。在无法挽回的情况下，愤怒地跺脚并不能解决问题，要有一个应对策略。

- 当你感到强烈的情绪时就去散步。
- 暂时把注意力从问题上移开：看书、玩游戏、看电视、写故事。

- 选择合适的时机讨论问题——我和妻子在晚上 10 点之后从不讨论任何重要的事情，因为我们认识到那时我们都已经很累了，任何冲突都会更容易升级。
- 知道是什么触发了你的情绪并为此制订计划——我讨厌填写任何形式的表格，因此我尽可能地去找别人来帮我填写表格。
- 当所有的方法都失败时，请屏住呼吸一分钟——看到了吗？你已经感觉好多了！

别"自制情绪"

如果你的车坏了，你可以找机械师；如果你的厕所漏水了，你可以找水管工；如果你的牙齿疼，你可以去看牙医；如果你的手臂骨折了，你可以去看骨科医生。这一切听起来都很有道理，直到你情绪崩溃的那一刻。当谈到情绪问题时，大多数人都认为我们可以自己解决它，但是在这个过程中，我们最终会给自己制造一场真正的灾难。

如果你有情绪问题，请咨询心理医生、心理咨询师、社会工作者、牧师等专业人士，至少找一些经过培训的人来提供帮助。不要去问你的水管工，那样你可能只会获得一段不合适的管道；也不要问你的理发师，更不要去问那些同样毫无头绪的朋友，要向专业人士寻求帮助。

释放你的感受：交谈和倾听

试着去谈论你的感受，即使你不确定自己的感受如何，把它们表达出来，让它们自由流动。也让其他人谈谈他们的感受，并听听他们在说什么。创造一个安全的空间，让人们可以在没有过多戏剧性的情况下表达自己的想法。找到一种安全的方式释放压力——我们都知道，当压力锅的蒸汽无法释放时会发生什么。

有时候，这就是需要专业人士帮助的时候。我们并不总是需要用语言来表达感受，我们可以通过写作、诗歌、音乐或艺术等形式来表达我们的感受，从而抒发感情。

给自己和别人暂停的时间

有时我可能让人头疼。我承认，众所周知，我把事情看得太严重了，而且我会因为责任感而把自己绷得太紧。我可能会过度分析人们所说的话或假装知道他们的想法。

如果你发现自己过于紧张，那就让自己暂停一下。不妨去度假，给自己一些放松的时间。无论放松期间发生什么样的戏剧性变化，你都不要马上做出反应或回应，可以等到第二天再处理。如果可能的话，设立一个"善待日"，去善待你自己以及身边的人，并非所有问题都需要成为问题。

知道为什么，以及什么时候需要帮助

情绪是具有破坏性的，如果不加以控制，它们会伤害你所爱的人。如果我们爱某人，我们有责任保护他们和照顾好自己。当我们情绪失控的时候，寻求情感帮助是我们表达对自己和所爱之人的爱意的一种方式。

如果你的日常生活中充满冲突，请寻求帮助；如果你根本没有情绪或感到抑郁，请寻求帮助；如果你总是生气并因此破坏东西，请寻求帮助；如果你无法应对所爱之人的不良情绪和行为，请寻求帮助。

有时，获得帮助就像从受伤的脚上拔出一根刺一样容易——痛一下就结束了，然后感觉就好多了。你会惊异于自己为什么拖了这么久才把刺拔掉。"对不起"这个词在很多时候也起到类似的作用，但它通常会稍微复杂一点。

你要懂得何时暴风雨即将来临，并为此做好准备。在风暴来临之前做好防护措施。如果你感到迷茫，不要害怕寻求指引。

以幸福为目标

我经常提醒我自己和我的患者，我们应该以登上珠穆朗玛峰的顶峰为目标，但如果我们到达不了那里，那么到达大本营就足够了。有时候，我们无法实现我们设定的目标，这没关系，但我们仍然必须出发。总之，人生必须有一个目标。

我们人生的追求之一就是幸福。这种情绪较为罕见——大多数时候，我们似乎只是活着而已。在生与死的混沌中，我们敢奢望幸福吗？或者这早已超出了我们的能力范围？我们往往不会停下来思考幸福是什么。我们中的许多人可能会问："这到底意味着什么？"

很难想象有人能在身患绝症的情况下还能感到高兴或心满意足，但布莱兹夫人却很高兴。通过我们所讨论的一切——痛苦、沮丧、症状、失落，甚至在临终时——她依然泰然处之，平静如水；她感到满足，她是快乐的。

抬头看一看

临终时，人们很容易一直低头看着绝望的无底洞，那里没有光明，也没有希望。凝视它的时间越长，它就会变得黑暗。然而，还有另外一条路可走，那就是需要我们刻意抬起头，远离死亡的灾难，专注于当下的生活。为此，我们需要希望。

希望是我们在一切都失败了的时候，仍能够拥有的最伟大的情感。

第16章

向死而生,捕捉黑暗中希望的微光

走出人间,走出时间
以终为始的生死观

2003 年,阿伦·罗斯顿(Aron Ralston)开始了他独自登山的旅程。在回程的路上,他在经过蓝色约翰峡谷时,一块巨石滚落下来,刚好压住了他的手腕。尽管他竭尽全力,仍然无法移开巨石,也无法解救自己被压断的手臂。他必须忍受痛苦,克服恐惧。他必须经历失去的情绪阶段:否认、愤怒、沮丧、讨价还价,最后接受。

事实是悲惨的。罗斯顿无处可逃,他只剩下有限的食物和水,这些很快也会耗尽。他接受了死亡的命运,用相机记录下临终遗言,并喝下了最后一滴水。然而,在近乎幻觉的状态下,他意识到没有手臂他也能生存,那一刻,他找到了活下去的希望。

在希望的驱使下,罗斯顿完成了一项超人的壮举——他砸碎前臂的骨头,然后使用止血带绑住手臂,用不锋利的多功能的便携小刀截断了自己的手臂。解脱后,他从 20 米高的地方用绳索下降;他设法沿着峡谷爬下去,然后徒步 11 千米到达安全地点,在那里被人发现而获救。

尽管困难重重,他还是活了下来——他付出了巨大的代价。他的故事现在已被改编成电影《127 小时》(*127 Hours*)。

第 16 章
向死而生,捕捉黑暗中希望的微光

巨石被移走后,救援人员找到了他的手臂,将其火化后归还给他。虽说对他来说没有多大用处,但我想他会感激救援人员的做法。

希望是一件很有趣的事情,它可以存在于最黑暗的地方,并照耀出最明亮的光芒。希望支撑着阿伦活下去。路易斯·赞佩里尼(Louis Zamperini)的故事也精彩地诠释了希望,他的飞机在第二次世界大战的一次战斗中被击落,而他却幸存下来,并且在海上漂流了 47 天才得以获救,后来又在日本战俘营里受尽折磨。他精彩的生存故事在电影《坚不可摧》(*Unbroken*)中得到了戏剧化的呈现。

在斯托克代尔悖论中,首先要求的是面对残酷的事实和现实,其次是保持对未来的希望和信念。一边是黑暗,另一边是光明。两者都是必需的,因为没有黑暗的希望根本就不是真正的希望。越是黑暗,我们越需要希望。

希望是基于尚未发生的事情,是一种感觉或愿望。因为它期待着未来的某个时刻,而未来还没有发生,所以它确实没有实质的内容。希望可以承诺的是会有未来。

希望是我们最终的动力,这就是为什么我们早上起床并采取下一步行动的原因。希望总是积极的。如果没有希望,我们就不会为了考试而学习,不会去工作,也不会生孩子。我们做这些事情是因为相信它们是值得的,即使现在的情况不太乐观,将来也一定会好起来的。

如果没有希望,我们在开始之前就已经失败了,任何人都不应该经历绝望。这是属于那些没有未来或永远不会有未来的人。绝望使我们感到卑微,迫使我们只是生存,而不是生活。

五种希望

有五种希望,它们是基于不同的概率标准。

第一种希望是现实的希望,这是基于较高的概率,并且大多数这种希望只需一点点计划和最少的努力就可以实现。这是我们力所能及的希望,如果我们愿意,除了运气不好之外,我们是可以实现它的。这些是遗愿清单中的希望,列出了要做的和可以在现实中期待的事情:

- 希望没有痛苦地死去;
- 希望死在家里;
- 希望死的时候有家人陪伴在身边;
- 希望狗能找到一个好人家;
- 希望死之前能坐一次热气球;
- 希望获得医疗护理并有缓和治疗医生。

第二种希望是不安全的希望。这是基于较低的概率,但只要我们尽最大的努力,加上一点点运气,结果仍然可以实现的：

- 希望化疗提供 5% 的生存概率，但也值得；
- 希望不学习却能通过考试；
- 希望钓到鱼；
- 希望高尔夫球能一杆进洞；
- 希望死之前能够去威尼斯。

第三种希望是奇迹的希望。这些希望发生的概率非常低，但概率仍然不为零，因为奇迹确实会发生。这些希望是我们无法控制的，但我们敢于相信它们。即使它们可能永远不会发生，但它们能使我们继续奋进：

- 希望能够治愈这种癌症；
- 希望新的试验药物有效；
- 希望能活到圣诞节；
- 希望能活到我的生日；
- 希望能够看到我的儿子结婚；
- 希望能出现奇迹。

第四种希望是一厢情愿的希望，它不需要做任何努力，也不需要有任何行动，而且成功概率为零。即便如此，它还是让我们对其他错误的行为好受些。我们知道这行不通，但是却值得一试，因为我们别无选择。若这种希望没有实现，我们不会感到沮丧，因为它是如此难以实现的，而且我们一开始并没有真正期望它能够实现，但我们觉得自己至少尝试过了：

- 即使从未听过讲课或学习，也希望通过考试；
- 希望通过沟通摆脱超速罚单；
- 如果要 30 分钟才能到机场，而只剩下 10 分钟了，仍然要扭曲时间概念，希望按时到达；
- 交通信号灯通常需要 90 秒才能改变，但是如果你的希望足够迫切，它会更快地改变。

第五种希望是虚假的希望，即变相地否认。它发生的概率为零，但我们却要坚持下去，因为这样做能让我们感到有力量。越是困难，我们的感觉越好，因为我们在做某事，这总比无所作为要好。问题在于，它的概率是零，我们所有的时间和精力都被浪费掉了，而这些时间和精力本可以用来做其他更有价值的事情。这就是那种希望，它相信：

- 未经证实的治疗方法，例如碳酸氢钠可以治愈癌症；
- 只有住在墨西哥的传奇人物亚当·史密斯博士才能治愈癌症；
- 无糖饮食可以治愈癌症；
- 喝苹果醋会让你活得更长久。

第 16 章
向死而生，捕捉黑暗中希望的微光

每一种不同的希望都基于未来的某件事情，但它们都需要从今天开始就采取行动。如果你希望去镇上，你的行动就是穿上衣服并开车前往镇上；如果你希望去坐热气球，就需要你打电话给热气球运营商去预订一次冒险之旅；如果你希望去游泳，所需要采取的行动是找到水源；如果你愿意的话，还可以穿上泳装去游泳。

希望激励着我们，并促使我们采取行动。我们采取的行动是一种信念的表现。农民相信他种下的土豆会长出来，所以他的行动包括给土豆浇水；火车司机希望能够到达目的地并相信铁轨一切正常，当他出发时，他怀着全程都会顺利的信念行事；汽车司机希望他们能到达目的地，开车的行为本身也是一种信念的表现。我们在行动时都会怀揣着信念。

第 17 章

用自己的方式
为人生画上完美的句号

走出人间，走出时间
以终为始的生死观

观众和参赛者之间有着巨大的差异。正如一个"沙发专家"，我可以准确地告诉你比赛出了什么问题，以及如何改进并获得胜利。新的一年下定决心健身和减肥说起来很容易，但我甚至都没有为之付出一滴汗；决定跑马拉松也很简单——只要你只是想想而已。

我们大脑最擅长的一个小把戏，就是让我们觉得自己已经做了某件事，而实际上我们什么都没做。我们会感受到所有的心理满足感，感觉充满活力。当我们穿上跑鞋，装备齐全地准备跑个 10 千米的时候，我们感觉万事俱备、斗志昂扬。然而，几个小时后，当我们回到家时，状态简直判若两人，显得疲惫不堪。

当我们想到死亡时，会面临同样的谎言。从表面上看，似乎一切都很容易，但实际上我们必须应对一些问题。到目前为止，我们也许已经鼓起勇气去面对死亡，接受我们作为凡人的命运，准备好一个好故事，并理解死亡对身体、情感和精神方面的挑战。尽管我们觉得自己已经准备好了，但所有这些都只是热身、鼓舞士气的话和赛前的拉伸。现实是，死亡是一个很艰难的过程。

第 17 章
用自己的方式为人生画上完美的句号

在死亡的过程中，肉体会衰竭，它会根据疾病的性质而发生不同的故障。这一切都是新的、意想不到的、不可预测的、不方便的、令人沮丧和压抑的，甚至是糟糕透顶的事情。我们的情绪会时高时低，有时甚至会爆发，疲惫感也会随之而来，有时整个人都会感到紧张。因此，我们需要某种策略。

我们现在也许已经了解了关于死亡的理论，但现实并不容易，会很混乱。死亡是一项艰苦的工作。对于所有参与者来说，这可能是一段非常漫长且坎坷的旅程，因此我们需要制订一些计划或策略。你可能会想，为什么要这么麻烦呢？如果最终结果都是一样的话，那有什么值得我们大惊小怪的，为什么还要付出那么多的努力呢？

我们之所以需要付出努力，是因为死亡影响的不仅仅是我们自己，我们周围的许多人也会受其影响——伴侣、妻子、丈夫、孩子、朋友、家人、同事、母亲、父亲，甚至园丁。为了每个人的益处，我们需要尽量做好准备。

我们每个人的情况都不同，不可能有一个放之四海而皆准的方案，但在这里，我们可以围绕以下几方面来制订策略。

你会感觉越来越不舒服

要做好身体不适的心理准备。如果这种情况从未发生过，那么请将其视为意外之喜吧。

前文我们谈到了失望及其与期望的关系。因此，我们需要降低我们的期望，我们不能再指望我们的身体有多棒了。在濒死过程中，我们的身体会使我们失望，请不要对此感到意外。对于癌症患者，常见的症状是疲劳和疼痛，以及治疗带来的副作用。为这一切做好准备，就像为了应对暴风雨天气而准备雨伞一样。

随着健康状况的恶化，花在去医院和诊所看医生的时间会越来越多。在日程安排上为此留出空当，提前算好一周的哪几天要去医院，围绕你的医疗预约时间，安排"属于自己的时间"。

面对疼痛时不要犯傻

疼痛是晚期疾病的常见症状，但它没有任何作用，这种疼痛不会告诉你任何未知的事情，所以你不需要忍受它。

我听到的最糟糕的评论之一是"我可以忍受疼痛"。对此，我的第一反应是为什么？遭受疼痛是没有好处的。疼痛是残酷的，它夺走了我们的希望。它会导致抑郁、功能受限、免疫力降低，并限制我们参与生活。疼痛是痛苦的——如果你还没有发现的话。

服用药物来控制疼痛是一件好事，但有些人可能会对止痛药上瘾，尽管这并不常见。如果是晚期疼痛，与减轻痛苦相比，成瘾与否还重要吗？如果你感到疼痛，可以服用阿片类药物。它们可能会引起一些副作用，比如便秘、恶心等，但我们是可以预见这些副作用并且使用适当的药物进行相应的治疗的。

如果药物让你感觉不适，请控制症状、更换药物、寻找替代止痛疗法，但千万不要忍受疼痛，尽可能去避免疼痛。有时候，完全没有疼痛是不可能的；有时候，我们必须忍受一些疼痛。但是，在疼痛量表上，疼痛能减少一分是一分。谈到疼痛时，目标应该定得低一些。

用你自己的方式赛跑，不要受他人干扰

我的一位朋友患有晚期乳腺癌，当她的丈夫被诊断出患有很疼痛的肺癌晚期的时候，她不希望给他使用吗啡，因为她在治疗癌症时就没有使用吗啡。她没有经历过疼痛，所以她想当然地得出结论：丈夫也不会疼痛。

如果我们不是患者，那么我们个人的经历和意见其实并不重要。某些事情对我们来说是更好的选择，但这并不意味着对其他人来说也是如此。没有人可以告诉别人应该有什么样的感受，只有患者自己知道自己的感受。

善意的亲人往往不理解衰弱的身体所带来的限制，通过更加努力是不可能变得更好的。身体的衰竭是疾病的本质，

那些期待一切如初的人需要接受现实。

对于癌症晚期,我们可以按照自己的方式来度过这段旅程。

满足于小的胜利,给你的身体一个休息时间

当谈到我们的健康时,我们往往抱有很高的期望,因为我们过去已经习惯了良好的健康状态。对于不能完成以前可以轻易做到的事情,人们常常会感到巨大的挫败感。你本来可以跑马拉松,但现在只能走200米;你原本可以吃一头牛,但现在你只能吃一些坚果和半根香蕉。如果你的身体胜任不了以前轻松就能做的事情,请不要抱怨。几颗坚果已经是不错的表现,或许将香蕉加入奶昔更适合你。如果你需要小憩,就睡一会儿吧,让你的身体休息一下,它会感激你的。

不要逞强,承认自己身体的虚弱

当身体出现状况时,需要更多的时间和精力来管理它。症状可能使人虚弱。如果真是这样,你就有权变得虚弱。不要为了逞英雄而承受不必要的痛苦,如果你的身体不行,就是不行,诚实地表达你的感受。

如果你不能修剪草坪,那就别勉强;如果你不能去上班,那就别去上班。但是如果你不能洗碗,那不能成为借口,除

非你先跟伴侣商量。玩笑归玩笑，与周围的人谈谈你身体的变化，以及你能做什么和不能做什么，和自己以及团队重新商量一个新的工作安排。

爱你自己

当你的身体在生病期间发生变化时，它可能会开始呈现出外貌的变化。体重下降是晚期疾病的常见症状之一，这可能让你觉得自己变得不那么好看了。请记住，你的价值远不止于你的身体，你依然是你一直以来的那个人，继续做那个了不起的自己，爱你未来的样子。

腾出空间

当你感觉不舒服时，你不一定有很好的应对方法。在你觉得恶心或经历腹泻的时候，与朋友闲聊并不是一件愉快的事。如果你感觉不舒服，请随时告诉你的朋友"让我安静会儿"，或者限制访问时间，选择合适的时间段。当每个人都来做最后的告别时，这一点尤其重要，让这些访问简短而有意义，没有必要一个下午都在重温过去几十年的岁月。

调整好自己的节奏

死亡是一场马拉松，而不是短跑。和所有马拉松一样，有上坡和下坡的路段，有步行和休息的时间，也有需要稍微加快步伐的时刻。跑马拉松是需要耐力和努力的，面对死亡也是如此。不需要计划如何完成整个比赛，只需要计划如何到达下一个目标点、完成接下来的百米或到达下一个补给站。

疾病的发作是波浪式的，有好的时刻，也有糟糕的时刻，而且往往是不可预测的。我们需要制订策略，从容应对，并在可能的情况下奋力一搏。

了解预期的情况

了解临终时会发生什么是很有帮助的。就癌症而言，它给你身体带来的最终变化是可以预测的。与你的医生讨论你的症状并提出问题。当想到问题时，就将其列到问题清单里。为可能发生的事情做好准备，可以让你在症状发生时采取主动措施，尽量减轻不适。

获得帮助

不要独自面对临终，这不是一个 DIY 项目，因此要寻求专业人士的帮助。

最让人们感到害怕的事情之一就是当他们被转介到缓和治疗时。如果有缓和治疗服务，请利用这些出色的专家，他们在临终过程以及如何支持衰竭的身体方面有着很丰富的专业知识。

人们常常混淆临终关怀和缓和治疗。缓和治疗的范围要广泛得多，它涵盖了当治愈性治疗无效后医疗护理的所有方面，还包括人生旅程最后的临终关怀。

我曾建议一位患者的女儿将她的父亲转介到缓和治疗，而她却认为这意味着临终关怀："你怎么能就这么坐在那里说出这种话？你怎么能这么冷酷无情？"

我喜欢将缓和治疗团队视为临终的"产科团队"，他们会从不治之症的开始就陪伴患者，直到患者走到生命的终点。

当地社区通常有很多资源，如果可以并且愿意，那请了解并利用它们。

了解临终的整个过程

临终的过程是需要时间的，对于某些人来说，这个时间会长一些。如果是癌症，我们可以通过化疗、免疫疗法或生物疗法等治疗方法来延缓这一过程。良好的饮食、锻炼、祈祷、冥想和替代疗法也都可能有所帮助。虽然这些方法可能会减缓临终的进程，但它们不能永远阻止它的到来。

随着你的身体变得虚弱，完成需要做的事情的机会变得越来越少，因此要提前做好难度系数高的工作。我们会讨论所有需要做的事情，例如生前预嘱（advanced directives, ADs）[①]和葬礼计划。不要拖延太久，否则可能没有足够的精力去完成这些任务。

知道什么时候该放手

安格斯患有癌症晚期，来找我询问是否接受进一步的放射治疗。他的身体因癌症和治疗的影响而衰竭，他的脑部出现了新的癌变，正处于死亡边缘。我向他解释说，他的生命即将结束，他快要死了——是时候放手了。我和他谈到，在人生旅程结束时，允许死亡发生是很重要的。接受现实，松开紧握生命的手，相信接下来的每一步。认输并不可耻，没有人能够战胜死亡。

我试图说服安格斯，现在是时候平静下来了，与他所爱的人一起度过最后的日子，并且放松地进入生命的最后阶段。他拒绝了我的建议，并要求进行放射治疗。不幸的是，他在治疗的第二天就去世了。他的努力并不英勇，也没有必要。允许自己放手是迈向一场"善终"的重要一步。

当死亡来临的时候，放弃生命并不是失败，而是智慧。告诉所爱的人，他们可以安心离去，祝福他们，给他们放手

[①] 生前预嘱，也称为"预立医疗意愿"或"医疗代理指示"，是一种法律文件，允许个人在自己具备决策能力时，提前表达对其未来医疗护理的意愿。——编者注

第 17 章
用自己的方式为人生画上完美的句号

和接受的空间。很多时候，仅仅是离开房间一会儿，就能让我们所爱的人踏上一段伟大的旅程。当时机到来的时候，请允许死亡悄然降临。

善待团队

很少有人是独自离世的，大多数人很幸运，在这段死亡旅程中能够得到朋友和家人的照顾。这些护理人员也会感到痛苦、疲惫和煎熬，并且需要休息，请对他们好一点。

管理你的感受

情绪起伏不定，当你的情绪失控时，不要做出鲁莽的决定或说严厉的话。如果有必要，请抽出时间，让你周围的人知道，你也有强烈的感受。如果你的情绪正在破坏人际关系，请寻求帮助。

用你自己的方式完成你的故事

记得书写属于自己的生命篇章，当生命必须结束时，思考如何以美好的方式为它画上句号。展望下一段生命旅程中那些不可思议的可能性，有意识地将消极的叙述转变为积极的预期。你不必为自己写一个糟糕的结局。

言归于好

我们在生活中难免会犯错误,甚至会犯可怕的错误,可能终生背负这些包袱。当生命结束时,不妨寻求宽恕或给予他人宽恕,尽可能去弥补过去的错误与遗憾。

成为传奇并留下遗产

如果你的传奇故事和遗产都无法带走,那么为什么不趁现在与他人分享呢?分享你的故事,告诉人们你的生活,写日记。

学会变通

我是否提到过在死亡过程中事情会发生很大的变化?请保持随机应变的能力。你那些看似无懈可击且万无一失的计划,也可能在没有任何提前预警的情况下需要进行调整。抱歉,这就是死亡旅程的本质,你需要做好准备改变你的计划。

一旦做了决定,不必觉得自己必须忠于最初的计划,此时是需要尽可能多地制订计划的时候。如果你之前决定不接受化疗,但现在又有所动摇,不要为了坚持而牺牲自己——如果需要的话,就请改变主意吧。如果你曾经决定不去医院进行护理,但后来发现确实需要住院,那就去吧。没有人会给你记分,如果有人记分的话,我的建议是,你可以灵活处理。

善待自己

当你把所有因素都考虑周全后,不要忘记善待自己。有时事情的进展不顺利,并不意味着事情不会好转。去主动寻找那些阳光灿烂的日子,即使没有阳光,也要学会在雨中唱歌;即使是糟糕的一天,也要尝试找到那些让你快乐的事情。品尝一些精致的手工巧克力,享受一次按摩,尽一切努力让你的旅程变得更加有趣。不要吝惜对自己的宠爱,要善待自己——毕竟,你值得拥有。

到目前为止,我们已经涵盖了很多内容,我希望能够制订一个计划。我们不仅需要了解很多事情,而且还需要做很多事情。现在,是时候让我们转向临终的实际应对方面了。

第 **18** 章

安排好身后事
是对亲人最大的安抚

走出人间,走出时间
以终为始的生死观

临终涉及很多"要做的事情",有些是好事,有些是非常重要的事情,这些事情需要在死亡真正到来之前完成。与任何即将来临的风暴一样,灾难与短暂麻烦之间的区别在于是否做好了准备。

昆士兰州是美丽的澳大利亚的一部分,这里偶尔会遭遇龙卷风。龙卷风的到来从不让人感到意外,每个人都可以看到它们从数英里①外袭来,气象局也会及时就即将到来的风暴发出警告。房屋按照抗龙卷风的等级标准建造,以便为人们提供庇护。

我们最近的一次龙卷风警报,最后发现这是一场虚惊,但是我们已经做好了应对风暴的准备:松动的配件和家具都被收了起来;蹦床、椅子、桌子、狗窝和其他可能飞到空中的物品都已被固定;等等。我们像小蚂蚁一样,来回奔波,确保在龙卷风袭来之前一切都安全,然后就是"坚持住,它来了!"。最终,龙卷风没有来临,但即使它来了,我们也已经准备好了。

---

① 1 英里 ≈1.61 千米。——译者注

第 18 章
安排好身后事是对亲人最大的安抚

死亡也差不多：风暴终将来临，在它到来之前，我们需要做一些重要的事情，即使这次它没有来，但它总有一天会到来。尽早做好准备，比在最后一刻匆忙安排要好得多。

我们需要安排的事情是个人事务，它们对我们来说是独特且重要的。在生活中，我们收集信息并将其存储起来，以备需要时使用。我们都有自己的秘密，如果我们决定不去分享，那就将其带进坟墓。如果这些秘密需要保密，那是可以接受的，但如果它们需要分享却没有被分享，那么这些信息将永远丢失。每天都有大量的信息或某些重要事项会因人们在去世前忘记提及而丢失。也许这只是件小事，比如一年级校长的名字；但是如果是家庭安全问题，那就不容小觑了。

在临终过程的繁忙和混乱中，有些最后应该嘱咐的小事，我们可能会忘记，而其后果对于那些留下来的亲人来说可能是灾难性的。那些大事（比如遗嘱、葬礼规划和遗产分配），可能都已完成，但还有更多信息需要准备好，以防止我们所爱的人在我们去世后因未处理好的事情而感到混乱。

例如，澳大利亚人非常重视隐私，代表他人进行交易几乎是不可能的。未经他人许可，不能更改他人的手机套餐、社会福利或银行交易信息。解决这个问题的唯一方法是让临终者预先授权他人去做这些事，或者与他人开联名账户。

伯特去世后，他的伴侣格蕾丝在遗产结算之前无法使用他的银行账户。格蕾丝不得不向自己的父母要钱来养活自己，因为丈夫去世后,银行账户被"冻结"且完全无法使用,不管账户里有多少钱都不重要了,因为她无法动用那些钱了。

在最终时刻到来之前,你有很多事情需要考虑。这些事需要你去思考和安排,因为它们对每个人来说都是独特的,所以我们的建议永远不可能面面俱到。以下是我列举的一些临终前需要记录和处理的小事情。

重要人物名单

即使在亲密关系中,人们也很容易认为很多事情是理所当然的。重要人物的名字被提及,但从未被刻意记录下来,而在其死亡之后,当事情变得朦胧、模糊和混乱时,他的亲人想要回忆起谁是谁就更加困难了。

以下是需要记录的重要人员,以及他们的身份、角色和联系方式等详细信息:

- 律师;
- 会计师;
- 近亲属;
- 雇主;
- 银行经理;
- 理财规划师;
- 紧急联络人(比如女儿、妻子、朋友);

- 遗嘱执行人；
- 亲戚和孩子们的名字；
- 葬礼主持人；
- 其他，比如朋友或俱乐部会员，那些当你去世后需要被通知的人。

复印重要文件

如果你像大多数人一样，你的档案系统处于混乱状态——文件、书籍、小册子和"零碎的东西"四散堆积，等着"拖延症"消失后再整理。如果是这样，留给身后的人找到重要文件将会是一个巨大的挑战，甚至可能不知道这些文件是否真正存在过。

为了体贴他人，请考虑创建一个包含以下文档副本的文件夹，这将使那些在你离世后试图整理遗物的人轻松一些：

- 遗嘱和遗嘱声明；
- 持久授权书；
- 生前预嘱；
- 所有账户的银行对账单，以便关闭或管理它们；
- 所有股票交易的股权声明，以免遗漏或遗忘；
- 水、电、燃气账户，用于变更所有权或取消服务；

- 房产证；
- 电话账户；
- 车辆所有权登记；
- 保险，包括人寿保险、建筑保险、汽车保险和家庭保险；
- 枪支许可证、其他许可证；
- 需要取消的会员资格；
- 资产和负债清单，这样就不会遗漏任何内容；
- 其他重要信息，用于处理死亡后遗留的琐事。

重要的信息

以下这些都是我们常认为理所当然的事情。对于我们头脑中那些自己知道但从未想过其他人也会想知道的事情，不妨把它们写下来，以便在紧急情况下可以使用：

- 电脑密码和登录详细信息；
- 银行账户、应用程序或设备的密码；
- 保险箱的密码；
- 重要信息，比如黄金的埋藏地点（如果有）；
- 你最喜欢的苹果派或炖牛肉食谱，避免这些珍贵信息永远丢失；
- 与你生活相关的其他重要信息；

第18章
安排好身后事是对亲人最大的安抚

- 你所记得的家谱图。

重要的任务清单

这些可能是你遗嘱之外的事情,是你希望人们去做的。它可能是一个愿望或更明确的指示,例如:

- 还给鲍勃你欠他的100澳元;
- 把你修了20年的路虎车处理掉——应该交给萨姆;
- 把轮椅还给玛丽。

无论你认为你需要做什么,都将其记下来,并列一个清单。这个清单可能会变得越来越长,并且看起来很冗余,但还是有必要做的。列清单的最大挑战就是"行动起来"。拖延症是我最好的朋友,尽管它承诺可以等到明天再去做,但当时间不等人的时候,情况就不同了。

从以下步骤开始

找一个你信任的人。这个人通常是配偶,但也可以是一个好朋友,甚至如果你没有值得信赖的朋友,这个人可以是律师,授权他们代表你行事。如果你还没有这样做,那么你需要指定某人作为持久授权的代理人。拥有持久授权书的人,可以在你无法自行处理事务时代表你的利益。

分享你的生活。如果你有任何类型的个人账户（比如银行、邮局、手机、水电、保险等），请将其设为联名账户，或者授予你信任的人签字权和代表你行事的权利。

告知一切。准备一个秘密笔记本，写下以下重要信息：重要网站的密码、保险箱的密码、黄金藏在哪里，以及紧急情况下可以联系谁。

- 你的伴侣是否知道如何登录你的股票交易账户或政府社保网站？
- 你的保险箱是否安全到根本无法打开或被发现？
- 如果你去世，谁是你的律师、财务顾问和关键联系人？

继续列清单。列出你的资产和负债。如果你还欠鲍勃叔叔的钱，请告诉别人，这样鲍勃叔叔就不会因为你没有还钱而记恨你。你的伴侣可能不知道你秘密存储的比特币——请将其写下来，以免永久丢失。当你知道在关心和分享方面不会错过任何事情，这会让你感到安心。

准备好取消服务。检查你的东西。像银行对账单这样的东西，包含了关于你通过自动扣款支付的各种费用信息。确保在你不再需要这些商品或服务之后，有办法关闭这些账户的扣款。你订阅的《金融时报》(*Financial Times*) 可不会关心你的死活，会不断向你发送新闻并收取费用。确保这些事情在你生命结束时也随之结束。

再过一遍。也许你忘记了什么。如果你独居，你的孩子可能很想知道车钥匙放在哪里，宠物狗需要找谁照顾，谁可以保存全家福，以及如何关灯——最后出去的人尤其需要知道这些信息。想一想，然后列出你的清单。

不要隐藏你的秘密清单。一旦你列出了清单，请确保将其安全保存，并与你信任的人分享。如果你在生前花时间做这件事，会让世界变得更加美好。这份清单不是为你自己，而是为你所爱的人以及你身后留下的人准备的。如果你关心他们，就从今天开始制作清单吧。

一旦开始，就很容易继续下去。但仅仅列出清单是不够的，行动事项也无关紧要，除非那些需要完成的重要事情被妥善地处理。

第19章

留给亲人的生命礼物：生前预嘱与遗产处理

走出人间，走出时间
以终为始的生死观

活着的好处之一就是可以沟通，你可以告诉别人你的想法。如果你玩过画图猜词（pictionary）[①]游戏，你就会知道无法交流是多么令人沮丧。试着只用图画来表达一些东西，最后的结果常常很搞笑，因为可能完全偏离了你的本意。缺乏适当的沟通，事情很快就会出错。

沟通常被认为是一项理所当然的技能。在沟通大师技能的顶端，是那些沟通能力卓越非凡的人，以至于他们认为别人可以读懂他们的想法。这种情况通常发生在亲密的人际关系中，比如婚姻中存在很多假设性的沟通：

- 你不知道我想喝杯茶吗？
- 我不想让你把灌木种得离墙那么近；
- 我今晚开会需要我的衬衫；
- 我以为你知道我们需要更多的猫粮。

一旦你超越了大师和沟通专家的水平，剩下的沟通就显得相当简单了。回答直接的问题似乎很容易，例如"你希望

---

① pictionary，由单词 picture + dictionary 组合而得，是一款英语训练主题的游戏。——编者注

第 19 章
留给亲人的生命礼物：生前预嘱与遗产处理

玛格丽特在你去世后继承这辆车吗？"这可能看起来很容易。然而，有许多小细节需要考虑，比如你指的是哪个玛格丽特，以及你心里想的是哪一辆车。

沟通这件事能有多难呢？事实证明，非常困难。我们之所以常常忽视良好沟通的重要性，是因为我们认为我们总是能够沟通并解释清楚我们的意思，但实际情况并非如此。有时我们甚至可能无法进行交流。死亡是最明显的例子，但还有其他情况，比如需要上呼吸机的疾病、中风或痴呆症，这些都会影响我们的沟通能力。当我们不能沟通时，当下指示的质量就是他人能依赖的全部。如果我们不进行沟通，或者沟通不当，就会导致混乱。

我的岳父曾是一名银行经理，有时他必须去见证遗嘱及其签名的变更。有一次，他被叫去见证一位男士对遗嘱的明显修改。当时该男士几乎无法用言语沟通，当他问该男子是否要改变遗嘱时，该男子猛烈摇头明确表示："不！"但是，他们的家人却试图让我的岳父相信，该男士总是以摇头来表示同意。结果可想而知，他的遗嘱无法变更。

你可以放心，除非你明确且煞费苦心地表明你的愿望，否则总会有争议。有些流氓和江湖骗子会通过一位优秀的律师，试图"曲解"你的本意。而在法律中，每一个句号和逗号都是有意义的。

我们可能会说"让我们吃奶奶"，这会让奶奶感到不安；

而我们说"让我们吃,奶奶",这会让每个人都感到高兴。一个标点符号的差别,意思就完全变了。

这不仅仅是标点符号的问题。了解法律很重要,在一个有三兄妹的家庭里,两个儿子与母亲关系亲密,并且平时照顾着她。而小女儿是一名吸毒的瘾君子,已离家出走,不再与家人联系。这位母亲无意将遗产留给她的小女儿。但是当母亲去世后,由于不熟悉相关法律,没有做好相应的安排,她的保险金中有三分之一自动转给了小女儿。从法律角度看,两个儿子对此无能为力,但如果他们的母亲生前能获得财务和法律方面的建议,这种情况本来可以避免。

在沟通方面,了解法律的"门道"非常重要。有时候,人们可能会忍不住从邮局购买一套 DIY 遗嘱样本,然后自己动手写遗嘱。如果你的遗嘱非常简单且资产有限的话,这样做可能就足够了;但是,如果情况复杂,并且你预期在去世后会有"秃鹫"(指那些企图分得遗产的人)聚集而来,请务必寻求专业的法律建议。

在你身体健康的时候就需要进行良好的沟通,因为健康状况恶化总是难以预料的,它可能就在转角处等待着。以下几个方面需要注意,以便你现在就能表达自己的意愿,在未来无法沟通的时候,你的愿望能够被准确无误地遵照执行。

第 19 章
留给亲人的生命礼物：生前预嘱与遗产处理

遗嘱与遗嘱声明

在你去世后，你希望你所有的财产如何处理？如果你没有立下遗嘱，那么法院指派的某个与你毫无关系的人将决定你的财产分配，而任何人都可能对你的财产提出要求。为了保护你的资产，并确保它们能够按照你的意愿传给你所爱的人，你应该立下遗嘱并定期更新。关闭那些不受欢迎的"访客"的门，比如前妻、任性的孩子、刁钻的兄弟姐妹。今天就预约律师吧。

长期有效的法律授权书

如果出现你尚未去世但无法再沟通的情况，请找到你信任的人，确保他可以代表你进行沟通和交易。这是你需要与律师讨论的一项重要任务。如果你没有律师，那就找一位。

拥有长期有效的授权书意味着你在关键时刻仍有掌控权。因此，和你的律师讨论一下，你该授权给谁。

生前预嘱和不予心肺复苏的指令

如果你患有永久性疾病或遇到灾难，你希望医生对你做什么？在特丽·夏沃的悲惨案例中，最终结果非常糟糕，如果她明确表达了在遭遇灾难性医疗事件时的愿望，这一切本可以避免。

如果你患有非致命性中风,但没有康复的希望,你会怎么做?

如果还有希望的话,我不介意他们尝试让我活下去,但如果 40 天内没有任何变化,那就请将我从生命支持设备上断开。在没有任何生存概率的情况下,让我浑身插满各种医疗管,这不是我想要的。这些都是我真实的意愿指令。那你想要做出什么样的指示?

与那些因为预后不确定而被送入医院病房的患者谈论"不予心肺复苏抢救"或"拒绝心肺复苏"(NFR 或 DNR)指令是一个尴尬的对话。如果出现问题,你希望接受复苏抢救吗?

这个问题包含很多内容,因为复苏可能涉及重症监护室(ICU)、呼吸机以及高昂的医疗费用,如果你进行了心肺复苏(CPR),还可能会导致肋骨骨折。而医疗灾难的最初原因可能根本无法修复。

这个决定需要与你的医生进行深入交谈。通常在默认的情况下,如果患者的病情突然恶化,医疗团队都会进行全面复苏抢救。如果没有治愈的希望,而且几周后你还要重新进行复苏抢救——即使成功复苏了,这些都是你想要的吗?

第 19 章
留给亲人的生命礼物：生前预嘱与遗产处理

金融计划

你不必成为亿万富翁才需要财务规划，很可能你一生都在努力工作，而你的资产和财富就是对你辛勤工作的回报。你最不想看到的就是某个"不配"的人从你的丰厚遗产中大捞一笔。

这就是为什么财务规划如此重要，因为不仅仅贪婪的人想在你死后赚一笔钱，政府也可能想"分一杯羹"。某些税费和遗产税是一种确保你为政府的金库做出最后贡献的温和方式。遗产规划是合法地将这些资源转移到更值得的人手中的好方法。

此外，还有人寿保险、关键人物保险、重大疾病保险，以及在相关的情况下甚至还有宠物保险的问题。这些都是专业人士需要考虑的事项，目的是在离世时为你的亲人提供保护。但是，这通常需要在离世之前就做到位。考虑人寿保险永远不会太早。

凡是涉及沟通的事情，请花点时间去规划好。在你动弹不得、需要沟通却无法沟通之前，努力以明确的措辞清晰地表达你的意愿。这可能需要进行非常深入而艰难的讨论。

请寻求专业人士的建议，但首先要注意的是，并非所有专业人士都将你的最大利益放在心上。如果你不断改变主意，律师费也可能会迅速累积，令人痛苦。因此，提前准备好你想要讨论的所有事项。理财规划师可能会向你兜售各种保险方案，甚至包括可能的太空旅行保险。如果你并不计划前往太空，那么这种保险完全没有必要。所以，在寻求建议的时候，请保持适当的怀疑和理性。

最好的选择是与你认识并信任的人一起去，或者至少找密友或亲戚推荐的人。如果你与值得信赖的顾问（比如会计师、理财规划师或律师）保持着持续的关系，他们通常能够协调并向你介绍你所需的服务，他们还可以向你提供有关资金管理、政府系统及各个行业如何运作的有用信息。无论你做出什么决定，都不要忽视他们的建议。我从经验中得知，花在优质法律咨询上的钱总是比你不寻求法律咨询而可能花费的钱要少得多。

第20章

以自己喜欢的方式
告别这个世界：葬礼策划

走出人间,走出时间
以终为始的生死观

如果葬礼不是那么悲伤的话,那一定会很有趣,没有什么事能比葬礼更混乱的了。通常,每个人都试图做正确的事情,但没有人能确定什么是正确的事情。人类最好和最坏的情绪都会展现出来,英雄和恶棍都会出现,并且可能会出现戏剧性的场面。这种强烈的情绪、激烈的人物冲突和没有情节设定的结合,可能会产生意想不到的喜剧效果。要想看清一切,你必须退一步去理解葬礼的本质。

首先,你要知道的是,有些事情总会出错,总会发生某种灾难、不幸或混乱,我们越早意识到这一点并放松,事情就会变得越容易。没有完美的葬礼,除非你是皇室成员——即便如此,我确信也会有我们未曾察觉的意外发生。

我记得我母亲葬礼上的混乱场面。当时我们都穿戴整齐,紧张地准备去教堂参加仪式,这时外面传来一阵骚动。邻居的一只孔雀不小心走错了方向,误闯到房子的另一侧——错误的时间和错误的地点——遭到了一只看门狗的野蛮"迎接"。结果对孔雀、对邻居、对我们来说都很糟糕,因为我们在紧张地等待葬礼的过程中,不得不面对一场"禽"灾。虽然这对孔雀来说是场不幸的意外,但它确实帮助我们释放了

第20章
以自己喜欢的方式告别这个世界：葬礼策划

一些压力。随着紧张情绪的缓解，葬礼进行得很顺利。我们都挺过来了，生活还要继续。这是关于葬礼需要记住的关键一点——它不是世界末日。

在葬礼上，最糟糕的情况已经发生了，我们所爱的人已经去世，悲剧已经成为过去。葬礼不是为了再次经历那种失去的痛苦。

葬礼上有三个重要因素需要考虑，如果我们专注于处理好这些方面，那么葬礼就不会像看起来的那样难以应付。

葬礼需要考虑的首要因素是遗体安置。不同宗教信仰的人在处理遗体和告别死者时都有自己的一套规则和仪式。在涉及如何正确执行操作细节的时候，重要的是要听从宗教领袖的指导。

当一个人去世后，就不再需要那具身体了，如果不及时处理掉，就会产生尸臭。土葬或火葬是普遍接受的遗体处理方式，每种方式都有其优缺点，背后有着成本和后勤方面的考量。对于许多人来说，这是他们的个人选择，但往往是未经深思熟虑的选择。在死亡和葬礼的混乱中，所做的选择可能来不及充分考虑。

例如，我个人更倾向于土葬，我知道它更贵，但我觉得作为世界的一分子，我有权拥有属于自己的一小块土地。我之所以有这样的想法，是因为我有在英国生活过一年的经历。

走出人间,走出时间
以终为始的生死观

那时,我经常走过一座古老的教堂和教堂墓地,看到那里的墓碑和碑文,比如"约瑟夫·瓦茨(Joseph Watts),1652 年去世",或者"玛丽·斯宾塞(Mary Spencer),1885年去世"。我把这些视为一个契机,去思考他们有过怎样的经历,生活在那个时代会是怎样的感受。对我来说,拥有一块墓碑意味着"我活过,我的生命是有意义的"。

火葬快捷方便,成本也更低,不过一旦完成,那一切就真的"尘埃落定"了。火葬的优点在于它为最终安息地点提供了更大的灵活性和自由度,人们可能生前有一个最喜欢的地方,他们希望将骨灰撒在那里;或者可能身在异国他乡,而骨灰是最容易带回家的方式;或者对于某些人来说,被埋葬在地下可能是一种难以接受的想法。最后的安息之地是个人喜好和选择,但除非你提前告诉别人,否则没有人会知道你的愿望。

葬礼需要考虑的次要因素是对逝者及其一生进行纪念、庆祝和致敬。我们的重点应该放在纪念逝者上,而不是谁因为出席葬礼而成为关注的焦点,多说些关于逝者的好话。如果你正在计划自己的葬礼,你可以感到欣慰的是,届时人们会说许多关于你的好话。

葬礼策划需要考虑的另一要素是活动规划。葬礼是一项大型活动,需要你尽可能发挥所有的活动策划能力。

我参加过的一些葬礼,简直就像一场马戏表演。出于人

第 20 章
以自己喜欢的方式告别这个世界：葬礼策划

们的某种期望，葬礼俨然成了一场人们宣泄情绪的闹剧。葬礼的目的不是去看一群地球上情绪最失控的人。尽管我希望全世界都为我的离去哀悼，并期望在我去世后人们能有持续数周的悲伤，但我需要保持理智。

从现实角度来看，这一天和其他日子一样，会有一些需要应对的挑战，但最后太阳仍然会落下，第二天再次升起。除非你希望如此，否则这不会是世界末日。

对于我们所有人来说，这将是我们人生中的最终盛事。所以，为什么不努力让那些将要参加的人感到轻松呢？让我们先考虑一件你可以轻松做到的事情。

你的葬礼策划

在策划葬礼之前，重要的是先设定基调。如果你受到许多人的喜爱，那么爱你的人就会在你的葬礼上感到悲伤；如果你是一个可怕的恶棍，或许你的葬礼会让很多人从内心感到高兴。假设这将是悲伤的一天，思考一下如何才能让参加你葬礼的人感受轻松一些。

请记住，你不会在那里，因此不要因为你的葬礼而变得过于感伤。导致你死亡的不是葬礼，而是你的离世导致了葬礼的发生。没有必要害怕葬礼，它不会对你造成任何伤害。去做吧——如果你期待举行葬礼，那么就联系一家殡葬服务机构，聊一聊你的想法。

除非你参与其中，否则你的葬礼将像殡葬服务机构所办的其他葬礼一样，成为一种标准的、无聊的活动。你需要在活着的时候就提前策划，而且越早参与越好，不要像其他人一样，等到你去世就为时已晚了。

葬礼是一项活动，因此请考虑葬礼的参加者、主题、餐饮、地点、客人住宿以及如何应对不速之客。殡葬服务机构对此很有经验，因此请充分利用他们的专业知识。

你为何不对自己的葬礼拥有最后的发言权呢？写下自己的悼词并请某人代表你宣读。在此之前，与殡葬服务机构和家人商量一下。不过，请注意，这不是忏悔罪行或对前妻最后一搏的时候！

记住，参加你葬礼的人会感到悲伤，因此请尝试分散他们的悲伤，摆脱陈词滥调的葬礼元素。定制一个带有特别设计图案的棺材，播放欢快的音乐，比如《我们是冠军》(*We are the Champions*) 或《圣徒进行曲》(*When the Saints Go Marching in*)。总之，策划一个喜庆的派对，而不是一个令人难过的聚会。

如果需要，与殡葬服务机构进行沟通，寻找一个可以帮助你策划活动的人。葬礼策划是一件大事，所以不要把一切都留到最后一刻才去做。时间，或者更准确地说，时间的缺

第20章
以自己喜欢的方式告别这个世界：葬礼策划

乏，是所有葬礼策划者的敌人。现在就尽你所能准备好一切，只留下日期未定，并尽量推迟那一天的到来。

我知道这并不容易。我明白，甚至殡仪馆都违背了我们关于"活着"和希望避免死亡的基本原则。我知道这听起来似乎是一种"失败"的象征，而且任何去那里的人都会感到有些挫败。我知道，殡仪馆的情况往往比我们想象的还要糟糕。我曾经去过一家殡仪馆，咨询有关葬礼的安排和流程。老实说，那是一次创伤性的经历。基于那次经历，我意识到如果你想策划自己的葬礼，就需要改变游戏规则。这就是为什么我们需要对程式化的葬礼抱有一种"见鬼去吧"的态度。虽然我们都需要一个葬礼，但它应该按照我们的意愿进行。

对我来说，解决的办法就是将葬礼视为一件遥远的事情。如果你计划明年或五年后举行葬礼，你希望它是什么样子？记下你的一些想法，发挥你的想象力。

我知道在我们的文化中，这种观点显得冷漠无情。如果我的看法让你感到不适，我深感抱歉。我并不是要去轻视某人去世时我们所感受到的失落、悲痛和哀伤。这些都是正常的，也是可预料的，但它并不是唯一重要的事情。如果我们继续相信并宣扬死亡的可怕性，那么它对我们来说就是最糟糕、最可怕的事情。如果我们接受死亡是一件正常的事，就是我们的命定，那么我们就可以尽力从中找到一些意义。毕竟，我们只有一次机会经历自己的葬礼，所以我们不妨尽力而为。

事实上，围绕葬礼的问题不在于葬礼本身，而在于我们终于来到了那个一直试图回避的生命阶段。死亡带来的可怕之处在于丧亲之痛。我们会谈到这一点，但我们还有更多的工作要做。

第21章

有尊严地离开：
为疾病和死亡规划好费用支出

抱歉，天下没有免费的午餐，一切都是有代价的，死亡和临终也不例外。不仅要承受死亡带来的屈辱，还要为此支付费用，这是不公平的。尽管这样做不对，但这种情况并不会因此而消失。所以，我们必须谈谈钱的问题。毕竟，在所有事情尘埃落定之后，你不希望自己或家人因为经济问题而陷入困境。

在许多国家，政府会照顾自己的公民，为纳税人提供良好的医疗保障，使得医疗费用不会过高。但政府并没有提供可能需要的全部经济支持，而且在临终时还有许多额外费用需要考虑。

当涉及金钱问题和死亡的时候，需要考虑三件重要的事情：收入减少、费用和账单增加，以及与遗产和葬礼相关的最终费用。

收入减少

尽管我们可能会抱怨必须去上班，但我们很快就会意识到，如果没有工作，会有更多可抱怨的事情。疾病会导致收

第 21 章
有尊严地离开：为疾病和死亡规划好费用支出

入减少。病假毕竟是有限的，如果你身体不适请假或因医疗原因到了一定极限，你就会被解雇。当经济来源被切断的时候，你的储蓄很快就会被耗尽，这种经济压力有时可能比疾病本身带来的压力更大。应对因疾病造成的经济困难并不是一件轻松的事。

如果你的收入减少一半，或者完全失去收入，你能应对吗？当这种情况发生时再去处理将会非常困难。因此，未雨绸缪非常重要，今天就去咨询财务规划师吧。

开支增加

如果你的"摇钱树"枝繁叶茂，那没问题；但如果你的"摇钱树"衰弱枯萎，那你将经历一段颠簸的旅程。当谈到疾病时，医疗程序、预约（比如咨询和药物）费用是显而易见的。然而，还有一些额外的检查费用，比如定期血液检查和成像（核磁共振成像、CT、PET 等）。这些还远远不够，医生们有时就像一群劫匪，将你从一个同事转介给另一个同事，每个人都要收费。他们可能会增加营养师或物理治疗，尽管他们会提供基本且重要的服务，但每次都会有额外的支出去透支你的信用卡。

如果你拥有强大的医疗保险或有资格使用运行良好的政府医疗体系，那么治疗开始时可能不成问题，但费用会逐渐累积。如果你意外地住院一两次，时不时地支付一些需要自付的费用，就没有钱再买生活必需品了。

这些还并不是唯一需要考虑的成本，还有隐性成本，比如汽油费、停车费和时间成本。因为你的时间有限，而且因身体状况不佳，可能还会需要护理人员、清洁工或雇人来修剪草坪。如果你因病失去驾驶能力，那么就要打出租车或网约车了。

清单还没拉完，我认识的一些人，他们因为必须不断付钱而感到非常沮丧，所以如果他们稍微感觉好一点，就会想方设法地不去看医生。

如果你了解这个系统，就会采取更好的方法来做事，就不会这么快就绝望了。

葬礼的费用

你可能会认为，当有人去世时，人们会感到悲伤和失落，葬礼承办人会理解这一点并为他们免费提供服务。感觉就应该如此，为什么就不能让我们有喘息的机会呢？

但遗憾的是，他们也需要谋生，殡仪馆会收取高额费用来处理尸体，有各种各样的隐性成本。一个基本的棺材起售价为一个标准价格，但如果你想要在上面加个把手，则需要额外花费100澳元；然后进行修饰以使它看起来更精美，还需要再花费250澳元；鲜花需要额外付费，而当你用了最好的鲜花时（谁不希望为所爱的人提供最好的鲜花呢？），花费就高了。土葬比火葬更昂贵，所以这是另一个需要考虑的成本。在涉及葬礼时，要记得用力踩刹车，尽量减少支出。

最终的费用

按你居住的国家或地区的规定，你可能需要缴纳遗产税。为了获得死亡的"特权"，你还要支付一笔税款。再加上所有最终费用和不断涌现的医疗账单，开销很快就会累积起来，最终变成一大笔费用。

既然这是你的钱，以下是一些建议，帮助你充分利用可用资源来减轻经济负担。

财务生存技巧

当你去世的时候，你会损失金钱。接受这一点，这是生活的现实。我知道这不公平，但规则不是由你我制定的。如果你想赢，你就需要了解游戏规则。

为下雨天做好准备

询问财务规划师的建议，并找出承担费用的方法。平时注意多存点钱，这样一旦有巨额开支，你就可以更从容地应对。这就像你在玩《大富翁》游戏时拥有额外的钱一样——落在最高价的地块上，付费后还能继续玩下去。你的财务顾问也许能给你一些预先的提示。如果你身体健康，也请尽可能保留医疗保险，即使取消它看起来是个好主意，也不要这么做。

要精打细算

不要让费用失控。货比三家，寻找便宜的商品。询问你是否可以取消不必要的重复医疗预约。没必要在一周内去看三位同一类型的医生，选择其中一位医生就可以了。如果你要开车，尽量同时处理好你在该地区要做的所有事情。当谈到葬礼时，请选择节省花费的项目，不要被推销"升级"到最好的服务。如果可以的话，和他们讨价还价，选最便宜和最差的，不要相信"只有最好的才适合你"这样的销售说辞。为什么不把最好的留给你的孩子或你支持的事业呢？为什么要把钱放到殡仪馆的银行账户里呢？

找到帮助

如果你环顾四周，在社区团体里可能会提供很多服务，如食品包、电动座椅、护理等方面的服务。这样的例子不胜枚举。向社会工作者及社区组织寻求帮助，他们随时可以提供帮助。智慧就是在有需要时寻求帮助，保持沉默并不能解决问题。

会哭的孩子有奶喝

现在不是默默承受痛苦的时候，要让所有的人都知道你

第 21 章
有尊严地离开：为疾病和死亡规划好费用支出

正在受苦，并让他们知道这很可怕。你喊得越大声，就越会被关注。关注最大的噪声是人的本性。这虽然令人遗憾，却是事实——吱吱作响的轮子会得到润滑油，会哭的孩子有奶喝。

> 我讨厌挑剔者，
> 我始终渴望平静，
> 但轮子吱吱作响，唤来油膏抹其上。
>
> 乔什·比林斯（Josh Billings）

获得一些回报

如果你有爱你、关心你的人，为什么不考虑众筹呢？寻求帮助常常是一件令人尴尬的事情，而且我们常常因为过于骄傲而不愿承认我们在经济上正面临困难。我们不想成为家人和朋友的负担，但他们可能会感到宽慰并乐于作为一个团队一次性地帮助你。可以考虑发起一个正式的众筹活动，而不是草率地组织一些效果不佳的筹款项目。

不要放弃

卖掉所有财产来支付医疗费用，通常看起来是一个不错的计划。但是，如果你被迫变卖财产，请按自己的节奏去做，而不是进行清仓大甩卖。要进行断舍离或转入护理机构，宜早不宜迟。当你意识到你的人生阶段已经改变了，请主动采取行动。

有些人在生命即将结束时确实会感到穷困潦倒，所以，如果你能用任何方式提供帮助，为什么不参与当地社区活动呢？如果每个人都能付出一点点的努力，就能取得令人惊奇的成就；如果你能为别人提供帮助，为什么不去做呢？如果你需要帮助，为什么不去寻求帮助呢？

第22章

我不要浑身插满管子地死去：生命终止规划

走出人间,走出时间
以终为始的生死观

我很喜欢电影《捉鬼敢死队》(*Ghostbusters*)的主题曲。我相信大多数人都听过,它很顺口,歌词的大意是遇到怪异的事,要找捉鬼敢死队。

同样地,当谈到死亡时,下面的话可能会触动你的感情:

当你的身体功能失调,什么都无法奏效时,
当你的生命即将结束,面临那最后一刻时,
你会找谁?

正确答案是缓和治疗团队。当你处于生命的最后阶段时,他们是你所需要的专业健康团队,他们是让死亡变得不那么痛苦的超级英雄。正如助产士和产科医生在阵痛和分娩时支持和照顾产妇一样,这些了不起的人在照顾和支持面对死亡的阵痛与即将离世的身体。你越早与缓和治疗团队会面,预期结果就越好。

遗憾的是,当你提到缓和治疗或建议转诊缓和治疗时,大多数人会因为对死亡的误解而惊慌失措。对于"缓和治疗"和"临终关怀"这两个术语也存在很多误解。

第22章
我不要浑身插满管子地死去：生命终止规划

缓和治疗

缓和治疗是医学的一个专业领域，涉及临终身体、思想和精神的护理与福利。这些医疗专业人员对死亡既不会感到不舒服，也不会感到害怕，他们将其视为生命的最后一部分。他们的使命可以用爱德华·利文斯顿·特鲁多（Edward Livingston Trudeau）的一句名言来概括："有时去治愈，常常去帮助，总是去安慰。"

缓和治疗是指当病患无法被治愈时对其进行缓解和安慰。作为临床医生，我们最终都无法兑现治愈的承诺，我们深知这一点。当这种情况发生时，我们知道我们有义务去关心他们。临终关怀是缓和治疗的一部分，是在生命的最后几天或最后几小时提供的特殊服务。

缓和治疗属于晚近的新兴学科，它源于生活中所观察到的人们临终时所接受的糟糕护理。很显然，对于生命末期的人来说，需要做的事情还很多，而缓和治疗的目的就是减轻死亡时的痛苦和困扰。西塞莉·桑德斯（Cicely Saunders）女爵士在20世纪50年代提出了她关于临终关怀的想法，并主张在家庭和团队的背景下减轻临终者的"全面疼痛"。

在20世纪60年代，伊丽莎白·库伯勒-罗斯（Elisabeth Kübler-Ross）出版了一本书，名叫《论死亡与临终》（*On Death and Dying*），她通过公开而诚实地谈论死亡，踢开了关于死亡的沉默之门，使得现在讨论死亡的意义成为可能。

如今，缓和治疗是公认的医学专业分支，但很少有人能够获得缓和治疗专家的帮助。根据世界卫生组织（WHO）的数据，全球只有 14% 的人接受了缓和治疗。如果你能获得缓和治疗服务，那么你很幸运。值得庆幸的是，大多数医生在提供缓和治疗方面很有能力和信心，能填补大部分服务缺口。

缓和治疗是极致的团队合作，它需要医生、护士、社会工作者、丧亲咨询师、社区工作者、志愿者和家庭成员的共同参与，齐心协力，为死者在生命即将结束时尽可能提供最好的支持。

以下是缓和治疗团队可以提供的一些服务。

专科医疗护理

要成为澳大利亚和新西兰的缓和治疗医生，你需要接受医生培训，然后作为内科医生专攻普通医学，之后接受进一步培训，最终成为注册的缓和治疗医生。

在澳大利亚和新西兰成为一名缓和治疗医生是一件非常重要的事，这些医生都是知识渊博的人，因此，充分利用他们的专业知识是理所当然的选择。

团队工作

缓和治疗是一项团队协作的工作，好的缓和治疗中没有一枝独秀的巨星，从医生到注册护士、社会工作者、辅导员、护理人员、志愿者、健康倡导者和社区成员，团队中的每一个成员都有着共同的目标：最大限度地减少痛苦，尊重每一个生命。

第 22 章
我不要浑身插满管子地死去：生命终止规划

控制疼痛和症状

当身体机能衰减并即将迎来死亡时刻，身体的很多功能都会出现问题，而这些症状可能难以控制。疼痛是生命临终阶段的常见症状。缓和治疗团队了解所有症状，知道会发生什么以及如何管理它们。此外，缓和治疗医生有权使用非常有效的止痛药。如果你需要一个团队来减轻你临终时的痛苦，你会找谁？

生命终止规划

通常，缓和治疗团队可以帮助管理和处理所有医疗和法律事务，例如生前预嘱和永久授权书。他们可以帮助处理这些文件和文书工作。他们有很强的管理技能，因此请询问并寻求他们的帮助。

临终关怀

生命的最后几个小时可能会经历暴风骤雨，而注射泵是帮助人们平和无痛地过渡的发明之一。这些设备可以保证随时稳定地供应吗啡，从而使死亡时的痛苦最小化或完全消除。缓和治疗团队知道如何使用这些设备，以及如何在生命终结阶段给予患者温柔的关怀。

有时，人们会误解这些设备是用来故意结束生命的，这是不正确的。它们只有在生命即将结束时才能使用，而不是用来结束生命的。这种区别非常重要，因为信任在医疗护理中非常重要。如果你不信任你的医生,那要么寻找另一位医生,要么解决你自己的信任问题。

关注家庭

缓和治疗团队不仅为临终者提供护理,还会关怀临终者的整个家庭。他们知道死亡的发生会影响丈夫、妻子、孩子、朋友和家人。他们对护理有着广阔的视野,并且能够将未解决的问题整合在一起。

当谈到生命的最后几天或最后几个月的时候,我强烈建议你与缓和治疗团队取得联系。我的经验是,这些人会出于种种正确的理由去关心他人,他们是富有同情心的一群人。在我看来,他们是真正的医学英雄。

与所有事情一样,不会有完美的解决方案。有些对话很困难,有些选择也很艰难。缓和治疗不是让死亡消失,而是让死亡变得更容易接受。

不要害怕转诊缓和治疗。当你患有不治之症的时候,我的建议是,最好早点转诊缓和治疗。缓和治疗之旅是温和的,比起大多数人试图独自忍受和自行处理要好得多。

如果要我投票选出最好的医疗服务提供者,那缓和治疗团队必稳居榜首。感谢这些无私奉献的人,他们愿意接受死亡并以慈悲之心与临终者同行。

第23章

让逝者安息：临终护理中的温情

走出人间，走出时间
以终为始的生死观

虽然缓和治疗团队可以说是医疗界的英雄，理应获得褒奖，但没有人比那些照顾临终者的护理者更值得赞赏的了。人们并不是主动选择成为护理者，而是护理这个角色选择了他们。不幸总是突如其来，人们在没有选择或未经同意的情况下被推到了这个位置。尽管他们通常对新角色缺乏技巧，但他们会尽力而为。大部分护理者在大多数的情况下会关心患者，但有时也做不到，有很多事情会因此变得岌岌可危。

护理者要承受临终者所有的情绪波动，包括临终时常见的恐惧、否认、愤怒、低落、讨价还价，以及临终过程中常见的内疚感。除此之外，护理者还有额外的挫败感。有时唯一的希望似乎就是让所爱和所照顾的人快点去世，以摆脱痛苦。当然，伴随而来的就是巨大的内疚感，觉得自己像个坏人，冷漠且缺乏爱心。此外，护理者还会精疲力竭。我们可以在辛苦工作一天后回家，但护理者永远不会下班：

- "朱迪，能给我一杯水吗？"
- "萨姆，我的老花镜在哪里？"
- "今天需要你送我去医院。"
- "我想让你今天去办银行业务。"

- "请扶我去上趟厕所。"
- "我今天不想穿那件衣服。"
- "这个食物太难吃了。"

作为护理者,帮助临终者是他们的责任,对他们来说全是需求,一直以来都是"付出、付出、再付出",既没有休息的时间,也没有喘息的机会,甚至连一声谢谢都没有!作为一名护理者,如果你去抱怨,就会被认为是自私和不体贴的。护理者必须忍受临终者的任性,面对临终者的每一个情绪冲击,并成为 24 小时全天无休的保姆。对很多人来说,这感觉很真实。对许多人来说,现实也确实如此。

我们需要做出一些改变。护理人员不应被虐待、被视为理所当然或被期望执行不人道的任务。这个游戏应该遵循以下这些规则。

规则 1:接受任务

你愿意成为一名护理者吗?许多人觉得他们别无选择,才做了这个工作。这份重任落在了他们身上,他们必须承担所有的负担,而且这些负担并不是那么轻松!

你能接受这份使命吗?说一句"我别无选择"很容易,但事实的确如此,你别无选择,只能接受这份使命。

在你接受这份使命之前，你会有意无意地说"不！"因为这永远是一场充满怨恨的艰苦战斗。只有当你接受并顺应这个角色的时候，你才能发挥作用。

我可以用一个例子来说明这一点，那就是把马装进马厩车。马厩车的目的是将马从 A 点转移到 B 点。但如果马拒绝进入车厢，那么对于马和其他相关人员来说，这项工作就会变得异常困难，其间有拉扯和推搡、咒骂、踢打、喷鼻息和咬人——这些还只是从旁观者的视角观察到的！从 A 点到 B 点的最终结果没有改变，但付出的努力却非常令人疲惫。

如果马能轻快地走进车厢，那就容易多了，分分钟就能搞定。那你是怎样的一匹马呢？

规则 2：获悉情况

如果你想成为一名护理者，你需要知道：

- 工作涉及什么以及你的责任范围是什么？
- 病情或诊断是什么？
- 有哪些症状需要注意？
- 你需要什么资源？
- 你需要用专门的设备或进行房屋改造吗？
- 预后如何？这是一个几天、几周、几个月还是几年的旅程？

知识就是力量，逐渐掌握并精通你所从事的工作。提出问题，当见到医生时，不妨问那个难以回答的问题："如果这是你的母亲或父亲，你会怎么做？"

你要积极主动，相信天上不会掉馅饼。你需要主动出击，让事情朝着你希望的方向发展。

规则3：获得外部的帮助

护理人员犯下的最大错误，往往是错误地认为凡事都要亲力亲为。如果在路边发生事故或丛林火灾，我们都知道拨打火警电话去寻求帮助。护理者也同样遵循这一原则，唯一的区别是你需要拨打的电话号码不同。

让你的全科医生参与进来，向缓和治疗服务团队寻求帮助；与社工交谈，使用你的社区资源来辅助管理此项任务。让你的家人参与进来，并寻求朋友和邻居的帮助。通常情况下，你能得到的帮助比你想象中的要多，不要孤身作战。

规则4：设立边界

设定明确的边界，什么是可以的，什么是不可以的，不要成为临终者的保姆甚至奴隶。如果他们能自己系鞋带，就让他们自己系吧；如果他们能自己煮鸡蛋，就让他们自己煮吧。不要因为他们的病情就在日常家务和活动中完全代劳，也不要过于心软,要像一名军官那样,因为你有使命在身。

清晰地传达你愿意做什么和不愿意做什么,这很重要。与所有比赛一样,球碰线必须进行判罚。在网球中,它被称为"界内";在足球中,它被称为"界外"。你可以制定自己的规则。

规则 5:腾出自己的时间

你需要时间休息、恢复并做自己,所以,优先考虑你的时间。周四早上请其他人照顾"病人",这样你就可以去打桥牌或打高尔夫球,不要为此感到内疚。

规则 6:谈论它

加入其他护理人员的聊天组或社群,交换计划和策略,分享行之有效的秘诀和技巧。在你所做的事情中寻求并获得社区的支持,这会很有帮助。

规则 7:照顾好自己

大多数护理者忽视了个人护理,结果搞得自己身心俱疲,导致超重或暴瘦。一定要确保自己有充足的睡眠,去锻炼身体、散步、合理饮食、听音乐、冥想、祈祷等,要懂得善待自己。如果你想完成使命,这些活动就至关重要——这不是自私,而是完成任务的必要条件。

规则 8：不要崩溃和燃尽

不要逞英雄，不要独自受伤。在很大程度上，这种伤害会是情感和心理上的，特别是如果你所照顾的人有虐待行为，而你又无处可逃的时候。请不要不好意思向心理医生、辅导员寻求帮助。

谈论你的情绪，如果你感到沮丧，或者有"只想掐死自己正在照顾的人"的念头，那就请意识到这些都是正常的情绪。不妨定期释放压力，以免自己情绪崩溃。

规则 9：准备前往目的地

你所照顾的人即将死去，正如他们需要为最终的死亡做好准备一样，他们的护理者同样需要做好准备。学会放手，万物皆有定时，当死亡来临的时候，不妨淡然地去接受，专注于生活中的美好事物，但不要抓得太紧。

双手抓紧似乎是最牢靠的，但现实是，当你张开双手，学会放手，相信死亡是正常且温柔的，一切才会变得更容易。相信死亡会在正确的时间发生，并且会在平静中发生。为这一刻做好准备，以免死亡来临时你不知所措。愿你所表现出的善意得到回馈，但请记住，有时为了善良，你需要有所牺牲，以便为所爱之人创造最好的结局。

第 **24** 章

永失我爱：如何处理好丧亲之痛

走出人间，走出时间
以终为始的生死观

为什么对于别人的离世，自己的心里会那么难受？为什么死亡令人那么痛苦？我们还没有解决这个非常现实的问题。当我们不得不与所爱的人告别时，痛苦是难以忍受的，我们的心都碎了，世间没有药物可以治愈这种伤痛。正是因为有这样的痛苦，我们才习惯回避死亡和临终的话题，忍受痛苦总比说再见更容易。

经历过丧亲之痛的人都会知道，当自己所爱的人去世时，内心深处会感受到怎样的痛苦，而即将离世的人也知道丧亲之痛。这种痛苦，就是我们为爱付出的代价。当我们明白，我们对另一个人的爱是一件美丽的事情，是一种永远不会熄灭的力量，并且我们爱得如此深，才会感到如此痛苦，那时我们就会知道，我们做得很好。

换个角度来说，我母亲去世时，你会难过吗？如果你不认识她，你怎么会难过呢？如果你不了解她是一个怎样的人，她是那么善良，风趣幽默，她捉弄我们的方式，以及她是多么关心和爱我们……如果你没有经历过这些，你又怎么会感受到失去她的痛苦呢？

但我们爱她，尽管她有各种缺点和瑕疵。当她去世的时

第 24 章
永失我爱：如何处理好丧亲之痛

候，死的不仅仅是她的身体，还有她对我们的爱。我们怀念她的一生——多年来她所付出的所有爱。这就是为什么人们会哭泣，会感受到如此之深的痛苦。爱消失了——无论是给予的爱，还是接受的爱。这是丧亲之痛的本质，也是失去基于爱的关系的先决条件。

悲伤是那些即将死去的人或我们在某人去世时感受到的强烈痛苦，但我们不会以这种方式为所有死去的人哀悼。当我的患者去世时，我并不会感到悲伤。我会感到失落，我会同情他们的家人，但除非我离他们很近，除非我爱过他们，否则我不会感受到丧亲之痛。

在今天所有去世的 15 万人中，我可能会对他们生命的结束而感到遗憾，可能会同情他们的家人和他们所承受的损失，但除非我爱他们，否则我不会感到悲伤。他们生命的终结不会对我个人产生影响。这可能会令人感到意外，但它说明，悲伤是因为我们必须爱过，我们爱得越深，我们的悲伤就越沉重。

从这个角度来说，爱过是一件坏事吗？太爱一个人以至于想到没有他/她的生活会很痛苦，这是一件坏事吗？不！即使在丧亲之痛中，对他们的爱仍然是值得的。我相信，如果再给你一次机会，你会更加爱他们。

正如我们需要接受爱的代价——当生命即将结束或生命结束所带来的痛苦，同样值得记住的是，爱永远不会结束。

走出人间，走出时间
以终为始的生死观

我们永远不会停止爱我们所爱的人。爱超越今生，延续到永恒，我们对彼此的爱也会在对方长眠之后持续存在。如果你有一种超越今生、进入来世的希望，你的爱就会在那里等待你，永远不会结束！

如果你因不得不说再见而心碎，我鼓励你要更多地表达你的爱，并向你所爱的人表明你有多爱他们。尽可能地表达友善和体贴，告诉他们你爱他们并写下来，离别时告诉他们，你爱他们。对于那些留下来的人，要继续去爱——即使我们所爱的人已经离开了，爱也永不止息。

我们都以不同的方式表达着我们的爱，这取决于我们的个性、文化和当下的处境。同样地，我们表达悲伤的方式也各不相同。两个人同样心碎，一个人情绪激动的程度可能到了需要使用镇静剂的地步，而另一个人可能不会表现出任何情绪。但不管是哪一种，他们的心都一样破碎。

对那些即将逝去的人来说，悲伤、痛苦和失落都结束了；对那些留下来的人来说，痛苦和失落仍会继续，但生活也必须继续。即使在心碎的时候，也有必须做的事情。你仍然需要吃饭、洗澡、穿衣服、上班和购物，生活还得继续。

在人生的旅途中，我们可能担心爱会减少，或者我们会忘记深爱的人。随着时间的推移，疼痛会减轻，难以忍受的疼痛会逐渐转为隐隐作痛，最终不再是日常生活的一部分。接受这一点并不是背叛，我们的心会慢慢地痊愈。我们被邀

第24章
永失我爱：如何处理好丧亲之痛

请重新参与生活——走出去，去冒险，继续爱。

请放心，尽管我们的记忆可能会随着时间的推移而变得模糊和褪色——我们所爱之人的气味可能会消失，他们的生活可能变成回声——但我们对他们的爱永远不会消失。爱伴随着痛苦，但爱过总比不爱要好；被爱过，总比不明白何为爱要好。

不要害怕去爱，不要害怕悲伤。有时悲伤可能深不见底，令人窒息，以至于我们需要寻求一些帮助。尽管这不一定有助于消除痛苦，但它有助于我们重新集中注意力并为我们的生活指明新的方向。我们应该想想我们所爱的人以及他们对我们的期待，毕竟没有人愿意他们所爱的人一直沉浸在悲伤中，或者希望他们被囚禁在悲伤的牢笼中。

凡事皆有定数，天下万物都有定时。生有时，死亦有时。人有悲伤的时候，也有释怀的时候。如果你所爱的人去世六个月后，悲伤仍然会缠绕着你，那就请你考虑放手，寻求一些帮助，重新关注你所拥有的生活，以及如何让生活变得更加美好。

第25章

既然无法阻止生命的终结，就尽情地享受生活吧

走出人间，走出时间
以终为始的生死观

我们花了这么多时间来谈论死亡以及如何为未来发生的事定位自己，但我们还活着。我们仍然有机会让剩下的生命变得更有意义。我们犯的错误之一，就是假设我们有无限的时间去做我们想做的事情，但实际上，我们每天只有24小时，我们必须充分利用它，毕竟谁也无法保证会有明天。

尽管终末期疾病诊断是毁灭性的消息，但对某些人来说，与其说是灾难，不如说是机遇。他们有生以来第一次找到了自己的生活目标，并有了活下去的理由。那一刻，他们意识到生命确实是一份礼物，虽然生命即将逝去，但一切都还没有结束，还有很多事情要做，还有很多地方要去，还有很多事情要去经历。他们设法打破平庸的存在循环，开始闻到玫瑰的香气，而且，因为生命将尽，所以玫瑰的香味变得格外甜美。他们对每一个让生命变得有意义的机会都心存感激。

在一次周末查房时，我看到了布莱恩，他是我同事的病人。很快我们就发现他的预后非常不乐观，也许生命只剩下几周的时间。在我们的谈话中，布莱恩说："我已经没有什么理由要继续活下去了。"他坦言，自己基本上是在等死。这听起来似乎只与布莱恩有关，但对我们所有人而言，这个问题

第 25 章
既然无法阻止生命的终结,就尽情地享受生活吧

都值得思考:"我们还有什么值得为之活下去的理由?"

这是一个重要的问题。"生"与"死"相反,虽然我们可能已经为死亡做好了充分准备,但这并不意味着我们必须放弃并停止生活。一位患有无法治愈的乳腺癌四期的朋友,对她的疾病采取了务实的态度。她知道癌症就在那里,但她不会因癌症而阻止自己继续生活。她将继续过好日子。如果癌症愿意,它可以跟着她一起生活,但她并不打算征求癌症的"许可"。

她这么做不是在否认,她经历了与她的疾病相关的症状,她接受了她的诊断和预后。虽然疾病限制了她,但无法阻止她,疾病不能阻止她对周围的人表现出友好和善意。她会与周围的人保持联系并鼓励他们。她知道,每一天都是让别人过得更美好的机会。这就是她的生活态度。

手术后,温迪的脖子后面和头皮上留下了可怕的疤痕。她接受了放疗,留下了永久性的秃斑。虽然这些伤痕令她外貌受损,但她仍然选择了精心打扮自己。她尽自己所能把头发整理好,用围巾把头发绑起来,这样就没有人知道她的病情或她与癌症的斗争。她继续做她想做的事。她患有癌症,但她有自己的计划,所以癌症必须遵从她的安排。她并没有否认现实,而是掌控着自己的生活,因为她接受了死亡的不可避免的事实,并将每一天都视为一份珍贵的礼物。

把目光转向别处,并不是否认死亡和未来的现实,而是

从绝望的深渊中抬起头来,看向远方。这意味着在时日无多的情况下,要关注那些可以完成的事情。机会是无限的,以下是我们的建议。

拍专业的照片

我讨厌摆拍,我认为这是我童年的创伤之一:必须做好拍照的准备,却不知道自己应该如何保持微笑。当胶卷最终冲洗出来的时候,很明显这张全家福是一场灾难现场,大家都能注意到我正看向别处。

我们都有不好的留影记忆,这正是我们需要找专业人士一起完成照片拍摄的原因。我曾经因工作原因需要找专业摄影师拍照,那次真是一个惊喜。摄影师让我感到自在,他在我的脸上打了一些粉底,增添了一点色彩,然后就拍了数百张照片。他选择了其中三张,我对他如此出色地捕捉到我的神情感到惊讶和兴奋。这钱花得真值!

你有责任这样做,为子孙后代留下至少一张精彩的照片。

策划一场派对

为什么不花时间庆祝你的生命呢?与其因为无法参加自己的葬礼而错过,不如提前举办一场派对。把它办成一个盛大的活动,邀请朋友和家人,像参加婚礼一样盛装出席,让它成为庆祝生活的契机。如果你愿意，就庆祝自己的一生。

这可能是和专业摄影结合的好时机，相信我，你绝对不会后悔的。

做你愿望清单上的事

2007年，由罗伯·雷纳（Rob Reiner）执导，杰克·尼科尔森（Jack Nicholson）和摩根·弗里曼（Morgan Freeman）主演的电影《遗愿清单》（*The Bucket List*），讲述了两名癌症晚期的男人，在去世前实现那些未曾实现的愿望和尝试最后的冒险的故事。这是一个奇妙的故事，尽管电影结局以男人的去世而告终，但它通过说"嘿，看哪，我活过了！"而振奋了人们的精神。

你死之前想做什么？也许是一些冒险活动，比如坐热气球、跳伞或与鲸鱼一起游泳；也许是上陶艺课，并自创超级难看的陶器作品。如果你从未想过，不妨给自己一次机会去做一件"哇"的事情，是你从未设想过的。

写日记

你就好比一本写满了经验和知识的百科全书，即使没有其他东西值得传承，你也是一段珍贵的历史记录。没有人像你一样经历过这个世界，也没有人用你的视角看过这个世界。

我在南非一个尘土飞扬的矿区小镇奥克尼（Orkney）长大，我还记得在厄尔巴电影院旁边的一家小咖啡馆里买了用盐和醋调味的热薯条，在蓝色的香烟烟雾中观看特伦斯·希尔（Terence Hill）和巴德·斯宾塞（Bud Spencer）主演的《三位一体》（*Trinity*）系列电影。

我记得在沃尔多夫咖啡馆和妈妈一起喝草莓奶昔，那时的纸吸管吸了一半就软了。马路对面是一家药店，里面有一个奇特的制冰水的装置，小时候我们会偷偷溜进去，免费得到一杯冰水！这些都只是我的部分记忆，但它们属于我。如果 20 世纪 70 年代你在奥克尼长大，也许你也会记得同样的事情。

每个人的故事都很重要——包括你的。所以，请考虑记录下来。这并不是一项艰巨的任务。

慷慨

生活中最重要的事情之一就是给予。当你不求任何回报地付出时，就会获得真正的自由。如果你确实期望得到一些回报，例如尊重、感谢、认可或荣誉，那么它就只是一项商业交易。付出而不求回报是爱的体现，我们都需要在生活中体验这种快乐。

许多人想到的都是财务方面的捐赠，但捐赠的意义远不止于此。我们可以通过倾听来给予别人时间。友善是一种给予的方式，帮助人们做一些琐事也算是一种服务性的给予。当你离开这个世界时，你无法带走任何东西，所以为什么不去考虑在别人不知情的情况下为他们带来祝福呢？尝试一下，这对你有好处。

宽恕

这是一种独特且重要的给予方式。在生活中，我们都经历过因别人而受伤的情况；但同样，我们也不是无辜的。每个人的一生都有黑暗的痕迹。当生命即将结束时，为什么不让过去的事情和罪过都过去呢？为什么不言归于好，实现和解呢？这些都要从宽恕和放手开始。

我知道生活中发生的一些事情是不可原谅的。但在生命的尽头，试着连这些都放下吧，将它们带进永恒是没有意义的。如果有任何和解或寻求宽恕的机会，请利用好这些机会，它们会带来治愈的效果。

为甜甜圈腾出空间

每天做一件肯定自己生命的事情，告诉自己："耶，我还活着！"也许是款待自己或别人，听最喜欢的歌曲，每天吃一些美食，或者只是单纯地为自己花一些时间。不管是什么原因，与自己约会，善待自己。

走出人间,走出时间
以终为始的生死观

想象一下,如果我们从未感到不适,但当我们的生命时间到了,我们的生命突然结束了,那你会有什么不同的想法和不同的做法呢?

我们很可能会继续做一些日常琐事,比如起床、上班、下班、吃饭和睡觉。然后一切又重新开始,直到砰的一声,生命结束了。对于很多人来说,生活有点像仓鼠轮,一遍又一遍地重复着同样的事情。即使我们还活着,我们也从未真正体验过生活。

当我们知道生命正在终结并且是有限的,那些看似重要的事情也许就不再那么重要了。这是一个真正享受生活的机会。晚期诊断是一个摆脱仓鼠轮的机会。为公司赚钱不再是生活中最重要的事情。享受甜甜圈的时光才是最重要的!

生命即将结束并不意味着它已经结束。无论你还有几天、几周或几个月的生命,我们都会邀请你好好地生活。我们对死亡无能为力,但对生命却有无限的机会去珍惜。

请花时间做重要的事情,让你的生活快乐起来。吃甜甜圈!喝好酒!享受美味的食物!让每一天都变得有意义,直到生命终结。计划一下:去冒险、探险、享受乐趣、创造美好的回忆。我相信你已经有了一份清单,所以去做那些重要的、能给你带来幸福的事情吧。

第26章

跳出今生,走向来世

走出人间,走出时间
以终为始的生死观

我们已经涵盖了很多内容,我们已经比旅程刚开始时了解得更多了。到目前为止,我们已经了解了死亡,并且对死亡和临终的态度更加自在了,这无疑为我们带来了优势。

我喜欢在晚宴上做的一件事就是提及死亡和临终的话题。起初,大家对此感到震惊和沉默,但这种情况并不会持续太久。死亡对我们每个人来说都有着切身利益,我们对这个最后的疆域、这场伟大的未来冒险、这项不可能的任务感到好奇。我们都有认识的人去世或经历过丧亲之痛,谈话很快转向个人的丧亲经历或有关失去亲人的故事。在这些谈话中,我总是惊讶于人们如此愿意分享。如果有机会,人们一定想谈谈死亡,并分享他们的经验和顾虑。

一般来说,人们对死亡的了解比他们想象中的要多,他们的准备也比想象中的要充分。但这给我们带来了一个痛点——即使我们了解有关死亡的一切,并且可以在有关死亡的测试中获得满分,我们仍然不得不亲历死亡。

我不想死,我也不想让你死。这行得通吗?肯定行不通,但有一条超越死亡的路行得通,也一定行得通,那就是在很多方面,死亡就如同出生,我们都经历过出生。没有人回想

第 26 章
跳出今生，走向来世

起自己的出生时说："哇，那太可怕了！"或"那太棒了！"我们根本就没有关于出生的记忆。然而，在出生时，我们被用力地从子宫内温暖而安全的小世界中驱逐出来。当我们离开我们所熟悉的小世界并进入现在大家所熟悉的大世界时，我们会经历巨大的创伤。到了死亡时刻，同样如此，我们将离开这个熟悉的世界，进入一个新的世界。

如果我们从怀孕的角度来思考，所有怀孕都会产生相同的结果。除了进行剖宫产外，怀孕通常会经历一段阵痛期才能生下孩子。无论种族、宗教、文化、地理位置、财富或教育程度如何，这个分娩过程都是相同的。每个准妈妈都必须经历这个分娩过程，每个即将出生的婴儿也必须经历同样的分娩过程。

所有怀孕经历中的不同之处在于为婴儿所做的准备，每个人都以自己独特的方式为宝宝降生做着准备。每种方式都是按文化而定的，每个人都必须利用自己的资源、预算和生活环境。他们必须决定名字，他们准备婴儿房时必须决定颜色，婴儿车、尿布和衣服的选择都是按个人喜好而定的。

此外，每位准妈妈都必须以自己独特的方式应对孕期反应。有些人可以获得良好的医疗服务，包括助产士和产科医生，而有些人则只能依靠父母或祖父母的经验生产。大多数怀孕的过程是快乐和令人兴奋的，但并不是所有的怀孕经历都是积极的。通往产房的旅程就像每个人的指纹一样独特。

当谈到死亡时，也适用同样的道理。虽然我们都要面对死亡，但我们都有自己独特的人生经历。我们的朋友和家人对我们来说是独一无二的，正如我们的财富、地理、文化和社会经历一样。没有人能告诉我们如何为死亡做好准备。这是我们自己的选择，我们必须按照自己的意愿，为生命中的这一时刻做好准备。我们要尽量利用我们所拥有的一切，以自己的方式迎接死亡。

我希望在本书中提供的信息能够改变每个人为死亡做准备的方式，每个人都可以用自己独特的方式来面对死亡。

愿我们都能为死亡做好充分的准备；愿我们一路走来都有冒险，愿我们都有美好的回忆；愿我们的过错得到宽恕，愿我们的内心都能获得宁静；愿我们庆祝并享受我们所过的生活；如果我们走错了路，愿我们能够重回正轨，走入光明；愿我们可以享受冰淇淋，享受音乐，被欢笑包围；愿我们能爱和被爱，并知道我们自己的价值所在。

当死亡来临时，愿你做好准备，即使死亡来得比你预想中的要早，你也能坦然面对它。愿我们能给世界留下一些美好，让世界因为有你而变得更加美好。

祝你一切顺利。我希望你有时间享受甜甜圈。

后记

为帮助更多的人理解死亡的意义

关于死亡，我们知之甚少。作为医生，我们只能猜测人们在生命即将结束时的感受和想法。知道这一点，我意识到这本书在满足临终者真正需求方面可能完全失败了。当我谈到死亡时，我常常觉得我可以大胆地宣称地球是平的。尽管我们的无知可以被原谅，但我们不该继续保持无知。

我们怎样做才不会保持无知呢？通过提问来实现。为了促进死亡教育，我们成立了一个慈善机构，叫作"渴望理解"（Dying to Understand），旨在促进死亡教育。

成立该机构的第一个目的是征求你的意见和见解，提出问题并谈论死亡，以便我们变得不那么无知。这种知识分享是我们做好死亡教育工作的起点。

成立该机构的第二个目的是为所有在此过程中苦苦挣扎的人提供一个联系方式，随时可以通过 admin@dyingtounderstand.com.au 联系我们。如果你需要联系我们，随时欢迎。也许你对我们正在努力做的事情有疑问、评论、建议或批评,或者真诚地赞扬。无论如何,都请联系我们。我们很想听到你反馈的声音。

成立该机构的第三个目的是为这段旅程中的人们开发资源。

我们成立慈善机构的最终目的是鼓励和资助相关方面的研究。我们支持那些让生活在苦难地区的人的生活变得更美好的项目,资金将能帮助我们自由地拓展资源。如果你能够参与并提供支持,我们将不胜感激。

我们确信,我们正在从黑暗走向光明。我们希望随着我们的知识和理解的增长,我们以前所知道的将变得过时。我们知道我们比以前更好,但仍有提升的空间。我们邀请你和我们分享你的故事,成为这段旅程的一部分。

请支持我们的慈善机构,访问以下网址:dyingtounderstand.com。

Death, Dying & Donuts
ISBN: 9780645369724
Copyright © 2022 by Dr Colin Dicks
Simplified Chinese version © 2025 by China Renmin University Press Co., Ltd.

Authorized translation from the English language edition published by Star Label Publishing

Responsibility for the accuracy of the translation rests solely with China Renmin University Press Co., Ltd. and is not the responsibility of Star Label Publishing

No part of this book may be reproduced in any form without the written permission of the original copyright holder, Dr Colin Dicks.

All Rights Reserved. This translation published under license, any another copyright, trademark or other notice instructed by Dr Colin Dicks.

本书中文简体字版由版权所有者柯林·迪克斯授权中国人民大学出版社在全球范围内独家出版发行。未经出版者书面许可，不得以任何方式抄袭、复制或节录本书中的任何部分。

版权所有，侵权必究。

北京阅想时代文化发展有限责任公司为中国人民大学出版社有限公司下属的商业新知事业部，致力于经管类优秀出版物（外版书为主）的策划及出版，主要涉及经济管理、金融、投资理财、心理学、成功励志、生活等出版领域，下设"阅想·商业""阅想·财富""阅想·新知""阅想·心理""阅想·生活"以及"阅想·人文"等多条产品线，致力于为国内商业人士提供涵盖先进、前沿的管理理念和思想的专业类图书和趋势类图书，同时也为满足商业人士的内心诉求，打造一系列提倡心理和生活健康的心理学图书和生活管理类图书。

《从容的告别：如何面对终将到来的衰老与死亡》

- 马未都、王一方、刘端祺、郎永淳、陈晓峰等知名人士鼎力推荐；
- 国际公认的建立医疗急救团队的先驱人物、国际重症监护领域权威专家诚意之作；
- 一个被我们忽视的幸福难题——优逝，一本颠覆你对衰老与死亡认知的书，ICU重症监护专家关于衰老与临终选择的理性思考。